“十二五”职业教育国家规划教材
经全国职业教育教材审定委员会审定

畜禽生产技术实训教程

——牛羊生产岗位技能实训分册

刘太宇　李　刚　邓红雨　主编

中国农业大学出版社
·北京·

内容简介

本教材是高等职业教育"十二五"国家级规划教材，由双师素质教师与高新技术畜牧生产企业的技术骨干合作开发，以牛羊生产岗位能力需求为指导，以关键技术为基础，以先进技术为导向，确定岗位能力、实训目标、任务描述、任务情境和任务实施方案。每个任务后附有相关知识链接、提交作业和任务评价，提供了实训技能考评的内容及评分等级标准。教材注重牛羊生产与技术教育相结合，融"教、学、做、练"为一体，大力推行产学结合，体现了高等职业技术教育的实践性、职业性、综合性和先进性原则。

本教材可供高等职业教育畜牧兽医类专业学生使用，也可作为基层畜牧生产技术人员和岗位技术能手培训的教材或参考书。

图书在版编目(CIP)数据

畜禽生产技术实训教程. 牛羊生产岗位技能实训分册/刘太宇，李刚，邓红雨主编. —北京：中国农业大学出版社，2014.12

ISBN 978-7-5655-1085-4

Ⅰ.①畜… Ⅱ.①刘… ②李… ③邓… Ⅲ.①畜禽-饲养管理-高等学校-教材②养猪学-高等学校-教材 Ⅳ.①S815 ②S828

中国版本图书馆 CIP 数据核字(2014)第 226546 号

书　名　畜禽生产技术实训教程——牛羊生产岗位技能实训分册
作　者　刘太宇　李　刚　邓红雨　主编

策划编辑　康昊婷　伍　斌　　**责任编辑**　韩元凤
封面设计　郑　川
出版发行　中国农业大学出版社
社　址　北京市海淀区圆明园西路 2 号　　**邮政编码**　100193
电　话　发行部 010-62818525，8625　　读者服务部 010-62732336
编辑部 010-62732617，2618　　出　版　部 010-62733440
网　址　http://www.cau.edu.cn/caup　　**e-mail** cbsszs@cau.edu.cn
经　销　新华书店
印　刷　北京时代华都印刷有限公司
版　次　2014 年 12 月第 1 版　2014 年 12 月第 1 次印刷
规　格　850×1168　32 开本　7.625 印张　189 千字
定　价　17.00 元

中国农业大学出版社
“十二五”职业教育国家规划教材
建设指导委员会专家名单
（按姓氏拼音排列）

编写人员

主　编　刘太宇(河南牧业经济学院)
李　刚(辽宁职业学院)
邓红雨(河南牧业经济学院)

副主编　李　军(信阳农林学院)
刘　杨(郑州种畜场)

参　编　于春梅(辽宁职业学院)
牛华锋(杨凌职业技术学院)
姜明明(黑龙江农业经济职业学院)
郑　立(河南牧业经济学院)
张　震(河南省奶牛生产性能测定中心)
苗　霆(河南瑞亚牧业有限公司)
秦　宁(焦作多尔克司示范乳业有限公司)

前 言

牛羊生产技术是高等职业教育畜牧兽医类专业的重要专业技术，是以提高牛羊生产的数量和质量为目的，保障生态、安全和健康畜禽生产为前提，实践“牛羊场卫生防疫与保健”、“牛羊饲养技术”、“牛羊生产管理技术”、“牛羊繁育技术”、“奶牛规范化生产”、“肉牛肉羊生产技术要领和饲养管理规范”、“牛羊场综合调查与分析”和“牛羊场建设项目的可行性论证”。

本教材是高等职业教育“十二五”国家级规划教材，根据《关于加强高职高专教育教材建设的若干意见》（教高司[2000]19号）、《国务院关于大力发展职业教育的决定》（国发[2005]35号）及《关于全面提高高等职业教育教学质量的若干意见》（教高[2006]16号）的精神和要求进行编写。依据高等职业教育培养高素质技能型专门人才的日标要求，围绕牛羊生产岗位群的需要，以关键技术为基础，以先进技术为导向，确定岗位能力、实训目标和任务实施内容。

按照牛羊生产技术教育的要求组织实训，完善的牛羊生产技术体系、健全的实训基地、双帅素质教师（专兼结合）、充足的技术教育资源和良好的培养机制。按照现代畜禽生产的技术要求，遵照教、学、做、练合一原则，组成牛羊生产技术体系。在相关实训内容设计上，充分考虑已有的国家职业资格证书制度，将国家职业资格鉴定的相关内容引入实训技能考评方案。在教材编写过程中，根据行业生产实际，在尽量避免重复的基础上，设计了牛和羊2个畜种的生产技术。实训教学中，各地根据生产实际需要，结合实训条件，创新实训教学模式，在实训畜种的选择、实训的技术路线和技术内容及学时分配上做适当调整，部分内容可作为学生的自学材料。通过实训掌握当地行业内重要的畜禽生产技术。

本教材的8个项目均设计了岗位能力和实训目标，每个项目中设计了若干任务，按照任务描述、任务情境、任务实施、知识链接、提交作业和任务评价6部分内容进行编写。双师素质教师与高新技术畜禽生产企业的技术骨干合作，开发紧密结合现代畜牧业生产实际、紧跟标准化畜牧业生产先进技术的实训教材，体现了高等职业教育的实践性、职业性、综合性和先进性原则。

本教材的编写提纲由刘太宇教授、邓红雨副教授和企业技术骨干共同提出，经中国农业大学出版社和教育部高等教育司审核，编委会讨论通过后正式分工编写。整个教材的编写由河南牧业经济学院、辽宁职业学院、杨凌职业技术学院、信阳农林学院、黑龙江农业经济职业学院等国内多所高等职业院校教师和多家企业的技术骨干共同完成，编者们协同合作，力求贴近生产实际。书稿形成后，由刘太宇、李刚和邓红雨负责统稿，于春梅、邓红雨负责校对，刘太宇和李刚认真审阅了书稿。

本教材编写过程中，参阅了许多专家的研究成果和著作，本教材的编写和出版工作，得到了中国农业大学出版社的大力支持和各参编单位的热心帮助，在此一并表示诚挚的谢意！

由于编写时间仓促，加之编者水平和经验所限，书中缺点和错误在所难免，敬请读者批评指正。

编者

2014年5月

目录

项目一

牛羊场卫生防疫与保健

岗位能力

学会牛羊场消毒方案的制定、消毒药品的选用、消毒器械的使用、各种消毒方法应用、消毒效果的评价；学会动物疫情发生后的疫情的处理办法；学会牛羊场防疫制度和防疫计划的编制；学会牛羊免疫接种计划、免疫程序的制定与实施；学会牛羊的检疫和保健方法。

实训目标

通过实训，要求学生掌握养殖场消毒药品的选购原则和具体要求，熟练掌握养殖场消毒药品的配制方法和消毒器械的使用方法，掌握养殖场(舍)的消毒方法，了解扑灭疫病的措施。

工作任务一　牛羊场卫生防疫

【任务描述】

通过本次工作任务，学生理解畜禽养殖场消毒药品选择的原则和常用消毒药品及消毒器械的使用方法，熟练掌握养殖场卫生防疫措施。

【任务情境】

本任务可以选择在学校附近的大中小型牛羊场现场教学，或采用现代化的视频资料展示教学，也可带着学生到附近的兽药门市部调查常用消毒药品的种类及使用方法等特点。

【任务实施】

一、养殖场消毒药品的选购

1. 消毒药品选购的原则

消毒药品要具有杀灭病原体能力强、广谱高效、作用迅速；对人和动物无毒害作用；对金属制品、木制品、塑料制品、用具及衣物等无腐蚀作用；对环境及供水无污染作用等特点。

2. 消毒药品选购的要求

(1)针对消毒对象和病原体种类选购2～4种消毒药品。

(2)在选购时要注意认真检查消毒药的外观性状和标签说明(包装、保存条件、药品性状、使用方法、技术要求、作用对象、注意事项、产地、厂名、出厂批号、有效期等)是否一致。

(3)根据消毒对象和欲配消毒液的浓度(如体积、面积或空间等)，计算出所需药品的选购量。

二、养殖场消毒药品的配制

1.消毒药品配制要求

(1)准确称量所需药品。

(2)配制浓度应符合消毒要求,不得随意加大或减少。

(3)药品要求完全溶解,混合均匀。

2.消毒药品配制方法

先将稀释药品所需要的水倒入配药容器(盆、桶或缸)中,再将已称量的药品倒入水中混合均匀或完全溶解即成待用消毒液。具体操作如下:

(1)5%来苏儿溶液　取来苏儿5份加入清水95份(最好用50～60℃温水配制),混合均匀即成。

(2) 20%石灰乳　比例按1 kg生石灰加4 kg水,用陶缸或木盆先把等量水缓慢加入石灰内,待石灰变为粉状再加入余下的水,搅匀即成。

(3)漂白粉乳剂及澄清液　在漂白粉中加入少量水,充分搅成稀糊状,然后按所需浓度加入全部水(25℃左右温水)。

20%漂白粉乳剂:比例按800 mL水加漂白粉200 g(含有效氯25%)的混悬液。

20%漂白粉澄清液:20%漂白粉乳剂静置后上液即为澄清液,使用时稀释成所需浓度。

(4)10%福尔马林溶液　福尔马林为40%甲醛溶液(市售商品)。按10 mL福尔马林加90 mL水比例配成(即4%甲醛溶液),如需其他浓度溶液,同样按比例加入福尔马林及水。

(5)粗制苛性钠溶液　如欲配4%苛性钠溶液,称40 g苛性钠,加水1 000 mL(60～70℃)搅匀即成。

三、消毒器械的使用

1.喷雾器

用于喷洒消毒液的器具称为喷雾器。喷雾器有两种,一种是手动喷雾器,一种是机动喷雾器。前者有背携式和手压式两种常用于小面积消毒,后者有背携式和担架式两种,常用于大面积消毒。

(1)喷雾器在使用之前,都要进行检查、调试,熟悉操作要领,具备一般使用和维护常识。所需消毒剂,均按上述方法配制。

(2)欲装入喷雾器的消毒液,应先在一个木制或铁制的桶内充分溶解,过滤,以免有些固体消毒剂不清洁,或存有残渣以致堵塞喷雾器的喷嘴,而影响消毒工作的进行。

(3)药物一般装八成为宜,否则,不易打气或造成桶身爆裂。

(4)打气时,感觉有一定抵抗力(反弹力)时即可喷洒。

(5)消毒完成后,当喷雾器内压力很强时,先打开旁边的小螺丝放完气,再打开桶盖,倒出剩余的药液,用清水将喷管、喷头和桶体冲干净,晾干或擦干后放在通风、阴凉、干燥处保存。切忌阳光曝晒。

(6)喷雾器应经常注意维修保养,以延长使用期限。

2.火焰喷灯

火焰喷灯是利用汽油或煤油做燃料的一种工业用喷灯,因喷出的火焰具有很高的温度,所以在兽医实践中常用以消毒各种被病原体污染了的金属制品,如管理家畜用的用具,金属的鼠笼、兔笼等。但在消毒时不要喷烧过久,以免将消毒物品烧坏,在消毒时还应有一定的次序,以免发生遗漏。

四、养殖场(舍)的消毒

(一)畜舍的消毒

1.清扫或刷洗

先对畜禽舍进行清扫,清除粪便、垫料、剩余饲料,围栏或墙壁上附着的污物,顶棚上的蜘蛛网、尘土等。为了避免尘土及微生物的飞扬,清扫前可先喷洒清水或消毒液。清除的污物须进行集中烧毁或生物发酵。对水泥地的场舍,应再用清水洗刷。

机械清扫在清除污物的同时,可以大大减少舍内微生物的数量,有效提高消毒效果。

2.消毒药液的配制

畜禽舍常用的消毒剂有20%石灰乳、5%～20%漂白粉溶液、30%的草木灰水、1%～4%氢氧化钠溶液、3%～5%来苏儿、4%福尔马林溶液等,可以根据具体情况选择适当的消毒液,按照1 000 mL/m^2的用量进行配制。运动场或泥土地面可适当增加用量。

3.喷洒消毒

消毒的时候,先喷刷地面,然后墙壁,先由离门远处开始,喷完墙壁后再喷天花板,最后再开门窗通风,用清水刷洗饲槽,将消毒药味除去,否则家畜闻到消毒药味不愿吃食。此外,在进行畜舍消毒时也应将附近场院以及病毒污染的地方和物品同时进行消毒。

(1)畜舍的预防消毒　畜舍预防消毒在一般情况下,每年可进行2次(春秋各1次),凡是家畜停留过的处所都需进行消毒。在采取“全进全出管理”管理方法的机械化养畜场,应在全出后进行消毒。产房的消毒,在产仔前应进行1次,产仔高峰时进行多次,产仔结束后再进行1次。

畜舍预防消毒时常用的液体消毒剂有10%～20%的石灰乳

和10%的漂白粉溶液，消毒方法如上。

畜舍预防消毒也可应用气体消毒。药品是福尔马林和高锰酸钾。方法是按照畜舍面积计算所需用的福尔马林与高锰酸钾量，其比例是：福尔马林 25 mL/m^3，水 12.5 mL/m^3，高锰酸钾 25 g(或以生石灰代替)。在畜舍内放置几个金属容器，然后把福尔马林与水的混合液倒入容器内，将牲畜迁出，畜舍门窗密闭，其后将高锰酸钾倒入，用木棒搅拌，经几秒钟即见有浅蓝色刺激眼鼻的气体蒸发出来，此时应迅速离开畜舍，将门关闭。经过 12～24 h 后方可将门窗打开通风。

(2)畜舍的临时消毒和终末消毒　发生各种传染病而进行临时消毒及终末消毒时，用来消毒的消毒药随疾病的种类不同而异，见表 1-1。在病畜舍、隔离舍的出入口处应放置浸有消毒液的麻袋片或草垫，如为病毒性疾病，则消毒液可用 2%～4%氢氧化钠，而对其他的一些疾病则可浸以 10%克辽林溶液。

(二)地面土壤的消毒

(1)对病畜停留过的畜舍、运动场等，首先进行机械清扫，将清扫的表土、粪便和垃圾等集中深埋、生物发酵或焚烧。

(2)一般传染病污染的地面土壤消毒，如为水泥地，则用消毒液仔细刷洗，如为土地，则可将地面翻一下，深度约 30 cm，在翻地的同时撒上干漂白粉(用 0.5 kg/m^2)，然后以水湿润、压平。

(3)对于被芽孢杆菌污染的地面，应严格加以消毒处理，首先用含 2.5%有效氯的漂白粉溶液喷洒地面，然后将表层土壤掘起 30 cm 左右，撒上干漂白粉并与土混合，将此表土运出掩埋。在运输时应用不漏土的车以免沿途漏撒，如果无条件将表土运出，则应多加干漂白粉的用量(5 kg/m^2)，将漂白粉与土混合，加水湿润后原地压平。

(4)大牧场被污染后一般利用阳光或种植对病原微生物有害的植物，使土壤发生自净作用。如疏松土壤，可增强土壤中微生物间的拮抗作用，使其充分接受阳光中紫外线的照射。或种植冬小麦、黑麦、葱、蒜、三叶草、大黄等植物也可杀灭土壤中的病原微生物，使土壤净化。

表 1-1 牛各类传染病的消毒药

传染病名称	消毒剂的浓度/%					
	漂白粉（含有效氯）	福尔马林	苛性钠热溶液	石灰混悬液	克辽林（臭药水）	草木灰水
炭疽	5	4	10	—	—	—
坏死杆菌病	—	1	5	—	2.5	—
结核病	5	3	3	20	—	—
布氏杆菌病	2.5	2	2	20	5	—
口蹄疫	2	1	2	20	—	20～30
钩端螺旋体病	3	2	2	—	—	—
狂犬病	5	4	10	—	—	—
沙门氏杆菌病	2～5	2	4	20	—	—
大肠杆菌病	3	—	4	20	10	—
牛肺疫	2	1	2	20	0	20～30
气肿疽	5	4	10	—	—	—
副结核病	5	3	3	20	—	—
牛瘟	2	3	2	20	—	20～30
羊瘟	2	2	2	20	—	20～30
羊梭菌性疾病	5	5	10	—	—	—
山羊传染性胸膜肺炎	2	2	2	20	—	20～30

(三)粪便的消毒

(1)焚烧法　此种方法是消灭一切病原微生物最有效的方法。

焚烧的方法:是在地上挖一个壕,深 75 cm,宽 75～100 cm,在距壕底 40～50 cm 加一层铁梁(要密些,防止粪便落下),在铁梁下面放置木材等燃料,在铁梁上放置欲消毒的粪便,见图 1-1,如果粪便太湿,可混合一些干草,以便迅速烧毁。此种方法的缺点是:会损失有用的肥料,并且需要用很多燃料。故此法除非必要很少应用。

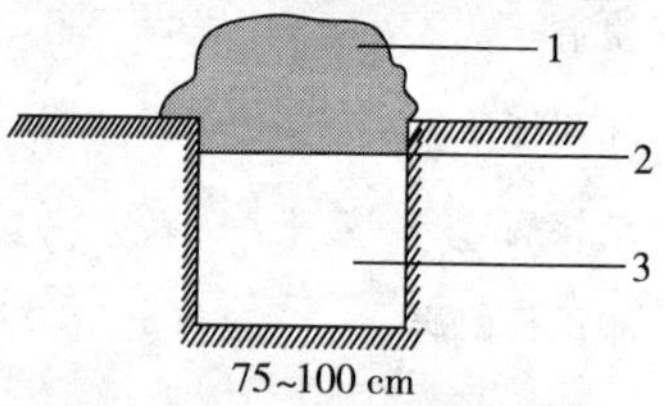

图 1-1　焚烧粪便的壕沟

1. 污染的粪便　2. 铁梁　3. 木材

(2)化学药品消毒法　消毒粪便用的化学药品有含 2%～5%有效氯的漂白粉溶液、20%石灰乳。但是此种方法既麻烦,又难达到消毒的目的,故实践中不常用。

(3)掩埋法　将污染的粪便与漂白粉或新鲜的生石灰混合,然后深埋于地下,埋的深度应达 2 m 左右,此种方法简而易行,在目前条件下实用。但病原微生物可经地下水散布以及损失肥料是其缺点。

(4)生物热消毒法　这是一种最常用的粪便消毒法。应用这种方法,能使非芽孢病原微生物污染的粪便变为无害,且不丧失肥料的应用价值。粪便的生物热消毒方法通常有两种,发酵池法(图 1-2)和堆粪法(图 1-3)。

发酵池法:此法适用于规模较大的牛场,多用于稀薄粪便的发酵。其设备为距牛场 200～250 m 以外无居民、河流、水井的地方挖筑 2 个或 2 个以上的发酵池(池的数量与大小决定于每天运出的粪便数量)。池可筑成方形或圆形,池的边缘与池底用砖砌后再抹以水泥,使不透水。如果土质干固、地下水位低,可以不必用砖和水泥。使用时先在池底倒一层干粪,然后将每天清除出的粪便垫草等倒入池内,直到快满时,在粪便表面铺一层干粪或杂草,上面盖一层泥土封好,如条件许可,可用木板盖上,以利于发酵和保持卫生。粪便经用上述方法处理后,经过1～3个月即可掏出作肥料用。在此期间,每天所积的粪便可倒入另外的发酵池,如此轮换使用。

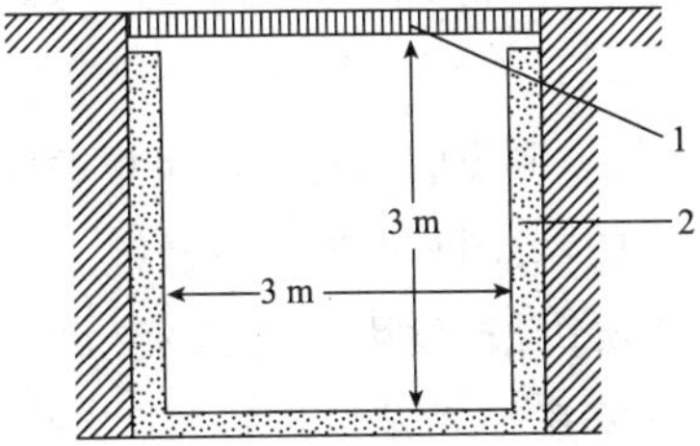

图 1-2 粪便发酵池

1. 板盖

2. 池壁(水泥或砖砌水泥抹缝)

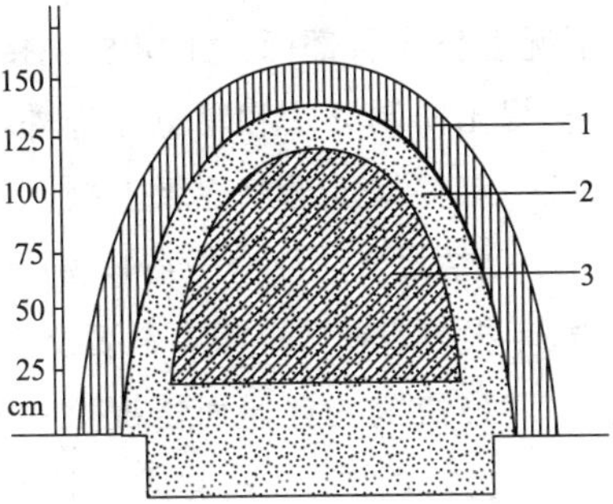

图 1-3 粪便生物热消毒的堆粪法

1. 土壤

2. 非传染性粪便或稻草

3. 传染性粪便

堆粪法:此法适用于干固粪便的处理。在距牛场100～200 m以外的地方设一堆粪场。堆粪的方法如下:在地面挖一浅沟,深约20 cm,宽1.5～2 m,长度不限,随粪便多少而定。先将非传染性的粪便或秸秆等堆至25 cm厚,其上堆放欲消毒的粪便、垫草等,高达1.5～2 m,然后在粪堆外面再铺上10 cm厚的非传染性的粪便或谷草,并覆盖10 cm厚的沙子或土,如此堆放3个星期到3个月,即可用以肥田。因牛粪比较稀不易发酵,可以掺干草,其比例为4份牛粪加1份干草。

五、扑灭疫病的措施

(一)疫情报告

在从事动物生产、流通等环节的过程中,任何单位或个人发现患有疫病或者疑似疫病的动物,应当及时向当地动物防疫监督机构报告。动物防疫监督机构应当迅速将发病动物种类、发病时间、地点、发病数及死亡数、剖检变化、初步诊断结果及防疫措施情况上报主管部门。上级机关接到报告后,除派人到现场协助诊断、提出防制办法和紧急处理外,根据农业部《动物疫情报告管理办法》有关规定迅速逐级上报。

疫情报告应以全国畜牧兽医总站统一制定的动物疫情快报、月报、年报报表形式上报。需要文字说明的,要同时报告文字材料。

(1)快报　有下列情况之一的必须快报:发生一类或疑似一类动物疫病;二类、三类或者其他动物疫病呈暴发性流行;新发现的动物疫情;已经消灭再次发生的动物疫病。

县级动物防疫监督机构和国家测报点确认上述动物疫情后,应在24 h内快报至全国畜牧兽医总站。全国畜牧兽医总站应在12 h内报国务院畜牧兽医行政管理部门。

(2)月报　县级动物防疫监督机构对辖区内当月发生的动物疫情,于下一个月5日前将疫情报告地(市)级动物防疫监督机构;地(市)级动物防疫监督机构每月10日前,报告省级动物防疫监督机构;省级动物防疫监督机构于每月15日前报全国畜牧兽医总站;全国畜牧兽医总站将汇总分析结果于每月20日前报国务院畜牧兽医行政管理部门。

(3)年报　县级动物防疫监督机构每年应将辖区内上一年的

动物疫情在1月10日前报告地(市)级动物防疫监督机构；地(市)级动物防疫监督机构应当在1月20日前报省级动物防疫监督机构；省级动物防疫监督机构应当在1月30日前报全国畜牧兽医总站；全国畜牧兽医总站将汇总分析结果于2月10日前报国务院畜牧兽医行政管理部门。

迅速、全面、准确的疫情报告，能使防疫部门及时掌握疫情，作出判断，及时制订控制、消灭疫情的对策和措施。

(二)隔离

发生疫病流行时，首先对畜群进行检疫，根据检疫的结果，将全部受检家畜，分为病畜、可疑感染家畜和假定健康家畜3类分别对待。

(1)病畜　包括有典型症状、类似症状或其他特殊检查为阳性的家畜。选择不易散播病原体、消毒处理方便的地方或房舍进行隔离，严格消毒，搞好卫生，由专人精心饲养管理，加强护理，及时治疗，没有治疗价值的病畜，按有关规定严格处理。隔离时禁止闲杂人员出入，工作人员出入应遵守消毒制度。隔离区内的用具、饲料、粪便等，未经彻底消毒处理，不得运出。

(2)可疑感染家畜　未发现任何症状，但与病畜及其污染环境有过明显接触的家畜，如同群、同圈、同槽、同牧、同水源、同用具等。这类家畜有可能处在潜伏期，并有排菌(毒)的危险，经消毒后另选地方隔离，详加观察，出现症状则按病畜处理，不出现症状应立即进行紧急免疫接种或预防性治疗。经过一个最长潜伏期无症状出现者取消限制。

(3)假定健康家畜　无任何症状且与病畜无明显接触，对这类家畜应采取保护措施，严格与上述两类家畜分开饲养管理，并进行紧急免疫接种或药物预防。同时注意加强防疫卫生消毒制度。

(三)封锁

1.封锁的对象

发生一类动物疫病时;当地新发现的动物疫病呈暴发流行时;二类、三类动物疫病呈暴发性流行时。除上述情况外,不得随意采取封锁措施。

2.封锁的程序

原则上由县级以上人民政府发布封锁令,按照"谁封锁谁解除"的原则,解除封锁令,两者程序逻辑相同。

在县级范围内的由县级畜牧兽医行政管理部门划定疫区,报请县级人民政府发布封锁令,并报地(市)人民政府备案;涉及两个县以上由地(市)人民政府发布封锁令,报省政府备案。涉及两个地市以上由省人民政府发布封锁令,报农业部备案。涉及两个省以上由农业部发布封锁令,报国务院备案。

3.封锁的执行

执行封锁时,应掌握"早、快、严、小"的原则,即封锁在疫病流行早期,封锁行动要快,封锁措施执行要严,封锁范围尽可能小。

4.解除封锁的条件

(1)传染源被消除;

(2)从传染源排出的病原体被消灭;

(3)易感动物都通过一个最长潜伏期而未发病。

5.封锁区的划分

必须根据疫病流行规律特点、畜禽分布、地理环境、居民点以及交通等当地具体情况充分研究,确定疫点、疫区和受威胁区。

6.封锁区内外的措施

(1)封锁线采取的措施　封锁区的边缘设立明显标记,指明绕道路线,设置监督岗哨,禁止易感动物通过封锁线。在必要的交通路口设立检疫消毒站，对必须通过的车辆、人员和非感动物进行消毒。

(2)疫点必须采取的措施　严禁人、动物、车辆出入和动物产品及可能污染的物品运出。在特殊情况下必须出入时，须经所在地畜牧兽医行政管理部门批准，严格消毒后出入。对病、死动物及其同群动物，当地县级以上地方人民政府有权采取扑杀、销毁或无害化处理等措施，当事人不得拒绝。疫点出入口必须有消毒设施，疫点内动物运载工具、用具、圈舍、场地必须进行严格消毒。动物粪便、垫草、受污染物的物品，必须在动物防疫人员监督指导下进行无害化处理。

(3)疫区必须采取的措施　交通要道必须建立临时性检疫消毒卡，并有专人和消毒设备，监视畜禽及其产品的移动，对出入人员、车辆进行消毒。停止集市贸易和对疫区内畜禽产品的采购。禁止运出污染草料。未污染的畜禽产品必须运出疫区时需经县级以上防疫、检疫监督机构批准，在兽医人员的监督指导下，外包装经消毒后运出。非疫点的易感畜禽，必须进行检疫或预防注射，农村、城镇饲养的畜禽必须圈养，牧区畜禽与放牧水禽必须在指定牧场放牧，役畜限制在疫区使役。

(4)受威胁区必须采取的措施　采取防御性措施，如易感动物及时进行免疫接种，建立免疫带，易感动物不进入疫区，不饮疫区流过的水，不从疫区购买牲畜、草料和畜产品。随时监测畜群动态，对本区屠宰、加工及畜产品仓库进行兽医卫生监督，注意对从解除封锁地区进来的畜禽及畜产品进行观察。

(四)扑杀

在动检工作中，对患有特殊疫病(如结核病等)的染疫动物，应该选择简单易行、干净彻底、低成本的无血扑杀方法。

(1)静脉注射法　适合扑杀牛、马、驴、骡等大家畜染疫动物，方法是：将染疫动物保定好后，用静脉输液的办法将消毒药输入到体内。注射用的消毒药有甲醛、来苏儿等，其用量因被扑杀疫畜的耐受性、消毒药种类等有所不同。

(2)心脏注射法　心脏注射所用的药物为菌毒敌原液，目的是药液随血液进入大动脉内和小动脉及组织中，杀灭体液及组织中的病原体，破坏肉质，与焚烧深埋相结合，可有效地防止人为再利用现象。其注射方法：牛等大疫畜先麻醉，后使牛右侧卧地，用注射器吸取 50～100 mL 菌毒敌，注入心脏；羊直接保定后进行心脏注射，药量为菌毒敌 40 mL。

(3)毒药灌服法　用敌敌畏 400 mL 或尿素 0.5 kg，加水 1 kg，混合溶解后灌服。此法简单，但药液易淋到操作人员衣服上，对人员造成危害。

(4)电击法　利用电流对机体的破坏作用达到扑杀疫畜的目的。

(五) 销毁

销毁是指发生动物疫病时，对病死的动物、扑杀的动物及染疫动物产品采取深埋或者焚烧处理的一种消灭或杀灭由疫源排到外界环境中的病原体。

【知识链接】

牛口蹄疫疫病发生处置办法

(1) 封锁　疫情发生所在地县级以上兽医行政管理部门报请同级人民政府对疫区实行封锁，人民政府在接到报告后，应在 24 h 内发布封锁令。

(2)对疫点采取的措施　扑杀疫点内所有病畜及同群易感畜，并对病死畜、被扑杀畜及其产品进行无害化处理；对排泄物、被污染饲料、垫料、污水等进行无害化处理；对被污染或可疑污染的物品、交通工具、用具、畜舍、场地进行严格彻底消毒；对发病前14 d售出的家畜及其产品进行追踪，并做扑杀和无害化处理。

(3) 对疫区采取的措施　在疫区周围设置警示标志，在出入疫区的交通路口设置动物检疫消毒站，执行监督检查任务，对出入的车辆和有关物品进行消毒；所有易感畜进行紧急强制免疫，建立完整的免疫档案；关闭家畜产品交易市场，禁止活畜进出疫区及产品运出疫区；对交通工具、畜舍及用具、场地进行彻底消毒；对易感家畜进行疫情监测，及时掌握疫情动态；必要时，可对疫区内所有易感动物进行扑杀和无害化处理。

(4)对受威胁区采取的措施　最后一次免疫超过1个月的所有易感畜，进行一次紧急强化免疫；加强疫情监测，掌握疫情动态。

(5)解除封锁　蹄疫疫情解除的条件：疫点内最后1头病畜死亡或扑杀后连续观察至少14 d，没有新发病例；疫区、受威胁区紧急免疫接种完成；疫点经终末消毒；疫情监测阴性。解除封锁的程序：动物防疫监督机构按照上述条件审验合格后，由兽医行政管理部门向原发布封锁令的人民政府申请解除封锁，由该人民政府发布解除封锁令。

【提交作业】

1.根据学过知识，结合生产实际，制定规模化牛场平时消毒制度和发生疫病时的紧急消毒措施。

2.结合生产实际，请你制定规模化牛场布鲁氏菌病发生时的疫病处理预案。

【任务评价】

评价内容		评价标准 分值	自我评分 分值×20%	小组评分 分值×30%	教师评分 分值×50%
专业知识与技能	消毒药物的选用方法	15			
	消毒器械的使用	10			
	消毒剂的配置	15			
	疫病防控的方法	15			
	疫病防控的注意事项	15			
学习情境考核	学习态度	10			
	团队合作精神	5			
	规范操作情况	5			
	交流及表达能力	5			
	组织与协调能力	5			
	总分	100			
	得分				
	小组评语				
	教师评语				

工作任务二　养殖场防疫制度和防疫计划的编制

【任务描述】

随着养殖业规模化、集约化发展，规模化养殖场疫病的防疫制度制定和防疫计划的实施尤为重要，对从业人员也提出了新的要求，要求从业人员要根据疫病的流行规律，编制合理、有效防疫制度和防疫计划，并有效实施，才能防病于未然。本任务是使学生掌握如何编制养殖场防疫制度和防疫计划。

【任务情境】

本任务可以选择在学校附近的大、中、小型畜禽养殖场现场教学，或采用现代化的视频资料展示教学，学生通过调查、搜集畜禽养殖场的防疫制度及防疫计划实施情况，小组讨论，掌握畜禽养殖场防疫制度及防疫计划的编制。

【任务实施】

一、养殖场防疫制度的编制

1. 防疫制度编写的内容

养殖场防疫制度内容非常繁杂，编写合理的防疫制度对有效防控畜禽疫病至关重要，防疫制度编写的主要内容有以下几方面。

(1)引种和饲养管理制度　把好引种关是养殖场防控疫病的重要手段。引种制度包括引种场要具备的条件，引种的程序，怎么隔离和检疫等。合理有效的饲养管理制度对养殖场疫病防控具有很重要作用，管理规范养殖场，常发疫病会明显降低。饲养管理制度包括场长职责规范、技术员职责规范、兽医职责规范、配种员职责规范、资料员（兼统计员）职责规范、核算员（兼保管员）职责规范、饲养员职责规范、饲料工岗位职责规范、挤奶工岗位职责规范、乳室工岗位职责规范等。

(2)养殖场的疫病监测和检疫制度　加强对养殖场疫病的监测和检疫在防疫工作中占有重要的位置，及时发现免疫接种中存在的问题和发现疫病，以便提早采取预防措施。定期监测各种疫病抗体的消长规律，及时调整免疫程序，以确保免疫效果。养殖场的疫病监测和检疫制度包括调入、调出检疫制度，定期检查和记录，定期抗体水平监测，免疫评价，合理免疫程序制定，疫病隔离、治疗、消毒、无害化处理制度，疫病控制和扑灭等。

(3)畜禽免疫制度　包括疫苗种类的选择，制订合理免疫计划，接种前的准备工作，疫苗的存取和稀释制度，疫苗的接种方法等。

(4)消毒制度　包括消毒池的设置；消毒药品的采购、保管和使用；生产区环境消毒；畜禽舍消毒；畜体消毒；粪便消毒；人员、车辆、用具消毒。

(5)病死畜禽无害化处理制度　包括病死畜禽无害化处理程序，无害化处理方法，无害化处理注意事项等。

(6)动物疫情报告制度　包括动物疫情报告程序，动物疫病流行病学调查(每月一次)、实验室检测结果、测报分析和工作总结，疫情处理办法等。

(7)污水、粪便等废弃物处理制度　养殖场废物、污水处理是疫病控制的一个组成部分，养殖场应建立完整的废物、污水处理系统。病、死畜禽的尸体和废弃物须按规定进行烧毁、深埋等无害化处理。污水经严格消毒处理后才能排出，避免病原向外扩散。定期开展灭鼠、灭蚊蝇等工作，对蚊蝇的孳生源污水、粪尿等集中堆积发酵并覆盖。对舍外排污沟、厕所及畜禽尸体严格控制管理，定期喷洒药物。夏季每半个月一次的全场灭蚊蝇工作，用专用灭蝇药喷洒圈舍及地面：每个月灭鼠一次，合理地安排灭鼠时间和投放毒饵的地点，及时收集和清理死鼠和残余鼠药，并作无害化处理。

2. 防疫制度编制的注意事项

(1)防疫制度的内容要具体、明了，用词准确，针对性强。

(2)防疫制度要贯彻国家有关法律、法规。

(3)根据生产实际编制防疫制度。

(4)制度经过讨论研究确定后，必须严格执行。

二、养殖场防疫计划的编制

1. 防疫计划编制的范围

包括一般的疫病预防、某些慢性疫病的检疫及控制、遗留疫情的扑灭等工作。

2. 防疫计划编制的内容

(1)基本情况　简述该场与流行病学有关的自然因素和社会因素；动物种类、数量，饲料生产及来源，水源、水质、饲养管理方式；防疫基本情况，包括防疫人员、防疫设备、是否开展防疫工作等；该场及其周围地带目前和最近两三年的疫情，对来年疫情的估计等。

(2)预防接种计划　应根据养殖场及其周围地带的基本情况来制订，对国家规定或本地规定的强制性免疫的疫病，必须列在预防接种计划内。预防接种计划参考表 1-2。

表 1-2　________年预防接种计划表

接种名称	畜别	应接种的头数	计划接种的头数				
			第一季	第二季	第三季	第四季	合计

(3)诊断性检疫计划表,格式参考表1-3。

表1-3 ________年检疫计划表

检疫名称	畜别	应检疫的头数	计划检疫的头数				
			第一季	第二季	第三季	第四季	合计

(4)兽医监督和兽医卫生措施计划　包括消灭现有疫病和预防出现新疫病的各种措施的实施计划,如改良畜禽舍的计划;建立隔离室、产房、消毒池、贮粪池等的计划;加强对养殖场饲养全过程的防疫监督,加强对养殖场人员的防疫宣传教育工作。

(5)生物制剂和抗生素计划　参考表1-4。

表1-4 ________年生物制剂抗生素及贵重药品计划表

药剂名称	计算单位	全年需用量					库存情况		需要补充量					备注
		第一季	第二季	第三季	第四季	合计	数量	失效期	第一季	第二季	第三季	第四季	合计	

制表人:________　　审核人:________　　年　月　日

(6)普通药械计划　参考表1-5。

表1-5 ________年普通药械计划表

药械名称	用途	单位	现有数量	需要补充数量	要求规格	代用规格	需要用时间	备注

(7)防疫人员培训计划　包括培训的时间、人数、地点、内容、考核评价等。

(8)经费预算　可按开支项目分月(季)列表表示。

3.防疫计划编制的注意事项

(1)重视“基本情况”的编写;

(2)充分考虑防疫人员的素质,计划应做到切实可行;

(3)防疫计划要符合经济原则;

(4)计划制订要有重点;

(5)积极应用新成果;

(6)防疫时间的安排要恰当,既要把握疫病的最佳时期,又要避免与生产冲突。

【知识链接】

动物疫情报告管理办法

第一条　根据《中华人民共和国动物防疫法》及有关规定,制定本办法。

第二条　本办法所称动物疫情是指动物疫病发生、发展的情况。

第三条　国务院畜牧兽医行政管理部门主管全国动物疫情报告工作,县级以上地方人民政府畜牧兽医行政管理部门主管本行政区内的动物疫情报告工作。

国务院畜牧兽医行政管理部门统一公布动物疫情。未经授权,其他任何单位和个人不得以任何方式公布动物疫情。

第四条　各级动物防疫监督机构实施辖区内动物疫情报告工作。

第五条　动物疫情实行逐级报告制度。

县、地、省动物防疫监督机构、全国畜牧兽医总站建立四级疫情报告系统。

国务院畜牧兽医行政管理部门在全国布设的动物疫情测报点(简称“国家测报点”)直接向全国畜牧兽医总站报告。

第六条　动物疫情报告实行快报、月报和年报制度。

(一)快报

有下列情形之一的必须快报:

1. 发生一类或者疑似一类动物疫病;

2. 二类、三类或者其他动物疫病呈暴发性流行;

3. 新发现的动物疫情;

4. 已经消灭又发生的动物疫病。

县级动物防疫监督机构和国家测报点确认发现上述动物疫情后,应在24小时之内快报至全国畜牧兽医总站。全国畜牧兽医总站应在12小时内报国务院畜牧兽医行政管理部门。

(二)月报

县级动物防疫监督机构对辖区内当月发生的动物疫情,于下一个月5日前将疫情报告地级动物防疫监督机构;地级动物防疫监督机构每月10日前,报告省级动物防疫监督机构;省级动物防疫监督机构于每月15日前报全国畜牧兽医总站;全国畜牧兽医总站将汇总分析结果于每月20日前报国务院畜牧兽医行政管理部门。

(三)年报

县级动物防疫监督机构每年应将辖区内上一年的动物疫情在1月10日前报告地(市)级动物防疫监督机构;地(市)级动物防疫监督机构应当在1月20日前报省级动物防疫监督机构;省级动物防疫监督机构应当在1月30日前报全国畜牧兽医总站;全国畜牧兽医总站将汇总分析结果于2月10日前报国务院畜牧兽医行政管理部门。

第七条　各级动物防疫监督机构和国家测报点在快报、月报、年报动物疫情时，必须同时报告当地畜牧兽医行政管理部门。

省级动物防疫监督机构和国家测报点报告疫情时，须同时报告国务院畜牧兽医行政管理部门，并抄送农业部动物检疫所进行分析研究。

第八条　疫情报告以报表形式上报。需要文字说明的，要同时报告文字材料。全国畜牧兽医总站统一制定动物疫情快报、月报、年报报表。

第九条　从事动物饲养、经营及动物产品生产、经营和从事动物防疫科研、教学、诊疗及进出境动物检疫等单位和个人，应当建立本单位疫情统计、登记制度，并定期向当地动物防疫监督机构报告。

第十条　对在动物疫情报告工作中做出显著成绩的单位或个人，由畜牧兽医行政管理部门给予表彰或奖励。

第十一条　违反本办法规定，瞒报、谎报或者阻碍他人报告动物疫情的，按《中华人民共和国动物防疫法》及有关规定给予处罚，对负有直接责任的主管人员和其他直接责任人员，依法给予行政处分。

第十二条　违反本办法规定，引起重大动物疫情，造成重大经济损失，构成犯罪的，移交司法机关处理。

第十三条　本办法由国务院畜牧兽医行政管理部门负责解释。

第十四条　本办法从公布之日起实施。

【提交作业】

根据学过的知识，通过实践编制一套奶牛场防疫制度。

【任务评价】

评价内容		评价标准 分值	自我评分 分值×20%	小组评分 分值×30%	教师评分 分值×50%
专业知识与技能	调查当前养殖场的防疫制度	10			
	结合学过知识分析优缺点	10			
	熟悉防疫制度所涉及的内容	10			
	编制防疫制度	15			
	调查养殖场的防疫计划	10			
	制订合理的防疫计划	15			
学习情境考核	学习态度	10			
	团队合作精神	5			
	规范操作情况	5			
	交流及表达能力	5			
	组织与协调能力	5			
	总分	100			
	得分				
	小组评语				
	教师评语				

工作任务三　牛羊免疫接种计划和免疫程序

【任务描述】

通过实训，要求学生熟练掌握免疫接种的方法与步骤，熟悉兽医生物制品的保存、运送和用前检查方法，能制定牛场免疫计划。实训中，应着重注意不同生理阶段的牛免疫方法和内容、疫苗的保存方法、免疫接种方法。疫(菌)苗应从正规生物药品厂或当地动物防疫监督机构采购。疫(菌)苗的运输、保存、使用应严格按操作规程进行。

【任务情境】

通过查阅目前规模化牛羊场常见疫病免疫程序，选择在学校附近的中型牛羊养殖场现场教学，或采用现代化的视频资料展示教学。

【任务实施】

一、免疫接种计划的制订

以用最少的人力和疫苗收到最大的免疫效果，防止漏种、错种及不必要的重种，并能准确地防止将要发生的新疫情，尽快缩小和消灭现有的疫情。

计划的基本内容包括：使用疫苗的种类、数量、供应时间、供应方法，接种对象范围，预算，分配和器械准备等。

二、免疫程序

1. 牛羊常见疫病预防用疫(菌)苗(表 1-6)

表 1-6　牛常用疫(菌)苗保存和使用

疫(菌)苗名称	使用方法	保存期限	免疫期
无毒炭疽芽孢苗	1 岁以上肉牛皮下注射 1 mL,1 岁以下 0.5 mL	2～8℃干燥冷暗处有效期 2 年	注射后 14 d 产生坚强免疫力,免疫期 1 年
第 2 号炭疽芽孢苗	不论大小均皮下注射 1 mL 或皮内 0.2 mL	2～8℃干燥冷暗处有效期 2 年	注射后 14 d 产生坚强免疫力,免疫期 1 年
气肿疽明矾菌苗	不论大小均皮下注射 5 mL,6 月龄内小牛在满 6 个月时再注射 1 次	2～8℃干燥冷暗处有效期 2 年	注射后 14 d 产生免疫力,免疫期 6 个月
牛巴士杆菌病(出血性败血症病)灭活苗	体重 100 kg 以下者,皮下或肌肉注射 4 mL,100 kg 以上者 6 mL	2～8℃干燥冷暗处有效期 1 年	注射后 21 d 产生免疫力,免疫期 9 个月
布氏杆菌 19 号弱毒菌苗	6～8 月龄皮下注射 5 mL	湿苗 2～8℃有效 45 d;冻干苗 0～8℃有效期 1 年	注射后 1 个月产生免疫力,免疫期 6～7 年
布氏杆菌猪型 2 号弱毒菌苗	皮下或肌肉注射 5 mL	液体苗 0～8℃有效;冻干苗 0～8℃有效期 1 年	免疫期 1 年

续表 1-6

疫(菌)苗名称	使用方法	保存期限	免疫期
布氏杆菌羊型 5 号菌苗	皮下或肌肉注射 2.5 mL,气雾免疫时每头牛室内量为 250 亿活菌(2.5 mL)	2～8℃有效期 1 年	免疫期 1 年
牛肺疫第 1 号活疫苗	肌肉注射 6～12 月龄 1 mL,1 岁以上 2 mL。6 月龄以下临产孕牛、病弱牛禁用	2～8℃有效期 1 年	注射后 21～28 d 产生免疫力,免疫期 1 年
牛肺疫第 2 号活疫苗	牦牛、犏牛成年牛肌肉注射(稀释 100 倍)2 mL。黄牛、奶牛 2 岁以上的尾端皮下注射(稀释 50 倍)1 mL,1～2 岁,5 mL,1 岁以下的禁用	－15℃有效期 2 年;2～8℃有效期 1 年	注射后 21～28 d 产生免疫力,免疫期 1 年
牛泰勒焦虫胶冻细胞苗	不论大小一律肌肉注射 1 mL	2～8℃储藏有效期 2 个月	注射后 21 d 产生免疫力,免疫期 1 年
破伤风明矾沉淀类毒素	成年牛 1 mL,1 岁以下 0.5 mL,颈中央上 1/3 处皮下注射	2～8℃冷暗处保存有效期 3 年	注射后 1 个月产生免疫力,免疫期 1 年

续表 1-6

疫(菌)苗名称	使用方法	保存期限	免疫期
魏氏梭菌联合苗	皮下注射 1.5～2 mL	2～8℃储藏有效期 1 年	注射后 15 d 产生免疫力,免疫期 6 个月
肉毒梭菌(C 型)灭活苗	皮下注射,常规苗每头 10 mL,透析苗每头 2.5 mL	2～8℃储藏有效期 3 年不可冻结	免疫期 1 年
口蹄疫灭活疫苗(进口佐剂)	肌肉注射,犊牛每头 2 mL,成年牛每头 3 mL	2～8℃储藏有效期 1 年不可冻结	注射后 14 d 产生免疫力,免疫期 4～6 个月
牛瘟兔化弱毒冻干疫苗	皮下或肌肉注射 1 mL,牦牛、朝鲜种黄牛不易注射	－15℃保存最长不超过 10 个月;2～8℃保存不超过 4 个月;8～12℃保存最长不超过 30 d	注射后 7～15 d 产生免疫力,免疫期至少 1 年
牛瘟山羊化兔化弱毒冻干疫苗	皮下或肌肉注射 1 mL,适用于蒙古黄牛	－15℃保存最长不超过 10 个月;2～8℃保存不超过 4 个月;8～12℃保存最长不超过 30 d	注射后 7～15 d 产生免疫力,免疫期至少 1 年

续表 1-6

疫(菌)苗名称	使用方法	保存期限	免疫期
牛瘟绵羊化兔化弱毒冻干疫苗	皮下或肌肉注射 1 mL	−15℃保存最长不超过 10 个月；2～8℃保存不超过 4 个月；8～12℃保存最长不超过 30 d	注射后 7～15 d 产生免疫力，免疫期至少 1 年
牛流行热亚单位灭活苗	肌肉注射 4 mL，3 周后再注射 1 次	2～8℃储藏有效期 4 个月	注射后 15 d 产生免疫力，免疫期 6 个月
伪狂犬灭活疫苗	颈部皮下注射犊牛每头 8 mL，成年牛每头 10 mL	2～8℃储藏有效期 2 年	免疫期 1 年

2. 推荐的免疫程序

在实践中，各养牛场根据当地情况以及疾病流行情况，针对不同的牛群采用合理的、有效的免疫措施进行防疫，主要传染病常见免疫程序见表 1-7。

表 1-7　成年牛主要传染病常用免疫程序

预防疫病	疫苗种类	使用方法	免疫时间	免疫期
牛巴氏杆菌病	牛巴氏杆菌病灭活疫苗	皮下或肌肉注射	每年免疫 1 次	9 个月
牛口蹄疫	牛口蹄疫疫苗	皮下或肌肉注射	间隔 6 个月，每年免疫 2 次，妊娠母牛在分娩前 2～3 个月免疫	6 个月

续表 1-7

预防疫病	疫苗种类	使用方法	免疫时间	免疫期
牛流行热	牛流行热疫苗	皮下或肌肉注射	间隔 4 周进行 2 次免疫，免疫时间应于每年 7 月份以前	6 个月
牛气肿疽	牛气肿疽灭活疫苗	皮下或肌肉注射	春、秋两季各免疫 1 次	1 年
牛传染性鼻气管炎	牛传染性鼻气管炎疫苗	皮下或肌肉注射	繁殖母牛应在配种前接种疫苗，其他牛每年免疫 1 次	1 年
牛乳房炎	牛乳房炎疫苗	皮下或肌肉注射	按疫苗说明书免疫或在产前免疫	1 年
牛沙门氏菌病	牛沙门氏菌病灭活疫苗	皮下或肌肉注射	成年牛每年免疫 1～2 次，孕牛产前 2 个月免疫	6 个月

3. 免疫接种记录(表 1-8)

表 1-8 牛的免疫记录

日期	牛号	免疫名称	批号	注射量	备注

【知识链接】

动物用疫苗的种类

(1)传统疫苗　是由细菌、病毒、立克次氏体、螺旋体、支原体等完整微生物制成的疫苗,称为传统疫苗,又称常规疫苗、新一代疫苗、细胞水平疫苗。传统疫苗按其性质可分为活疫苗、灭活苗、类毒素。按其来源又可分为同源疫苗和异源疫苗等。

(2)新型疫苗　是一种只含有免疫必需的特异性保护抗原,而没有其他无关成分的所谓新型制品,称为新型疫苗,即分子水平疫苗。新型疫苗有化学疫苗、亚单位疫苗、基因工程疫苗、合成肽疫苗、抗独特型抗体疫苗、核酸疫苗。

【提交作业】

结合实训的实际情况及学生个人的实习经历,写出免疫接种内容,接种过程出现的问题及其处理方法,为实训场制定一份免疫接种程序。

【任务评价】

评价内容		评价标准分值	自我评分 分值×20%	小组评分 分值×30%	教师评分 分值×50%
专业知识与技能	调查奶牛场疫病免疫程序	20			
	分析免疫程序合理性	10			
	查阅资料掌握免疫程序制定要求	10			
	制定合理的奶牛场免疫程序	30			

续表

评价内容		评价标准 分值	自我评分 分值×20%	小组评分 分值×30%	教师评分 分值×50%
学习情境考核	学习态度	10			
	团队合作精神	5			
	规范操作情况	5			
	交流及表达能力	5			
	组织与协调能力	5			
	总分	100			
	得分				
	小组评语				
	教师评语				

工作任务四　牛羊的检疫和保健

【任务描述】

通过实训，要求学生掌握牛的群体检疫和个体检疫的内容和技术要点，熟练掌握奶牛结核病和布氏杆菌病的实验室检疫方法，掌握牛的保健技术要点。

【任务情境】

校外实训基地，校内实验室，注射器，3%来苏儿等消毒药，提纯牛结核菌素，采血用针头，2%石炭酸生理盐水，洁净玻璃板，试管，试管架，布氏杆菌抗原，及其他实验室常规仪器。

【任务实施】

一、牛羊的检疫

(一)牛的检疫

1. 牛的群体检疫

(1)静态检查

健牛:站立时姿态平稳,神态安定,以舌频频舐鼻镜,睡卧时常呈膝卧姿势,四肢弯曲。鼻镜湿润,眼无分泌物,嘴角周围干净。被毛整洁光亮,皮肤平坦、柔软而有弹性。反刍正常有力,呼吸平衡,无异常声音。粪不干不稀,尿清。肛门紧凑,周围干净。嗳气正常。

病牛:站立不稳,头颈低伸,屈背弓腰,恶寒战栗,或委顿,或疝痛。睡卧时横卧,四肢伸开,久卧不起或起立困难。鼻镜干燥、龟裂,眼流泪,有黏性、脓性分泌物,嘴角周围湿秽流涎。被毛粗乱,皮肤局部可有肿胀。反刍迟缓或停止,呼吸增数、困难、呻吟、咳嗽。粪便或稀或干,或混有血液、黏液,血尿。肛门周围和臀部沾有粪便,嗳气减少或停止。

(2)动态检查

健牛:精神充沛,眼亮有神,走路平稳,腰背灵活,四肢有力,行走自如,耳、尾灵敏,不掉队。

精神沉郁或兴奋,两眼无神,屈背弓腰,四肢无力,走路摇晃,耳、尾不动,跛行掉队。

(3)食态检查

健牛:争抢饲料,咀嚼有力,采食时间长。敢到大群中抢水喝,运动后饮水不咳嗽。

病牛:厌食或不食,采食缓慢,咀嚼无力,采食时间短。不愿到大群中饮水，运动后饮水咳嗽。

2. 牛的个体检疫

牛的检疫主要以口蹄疫、炭疽、牛传染性胸膜肺炎、布鲁氏菌病、结核病、副结核病、白血病、牛传染性鼻气管炎、牛病毒性腹泻/黏膜病、肝片吸虫病、牛锥虫病、牛焦虫病等为检疫对象。

在实施检疫时，以体温、精神、外貌、姿态步样、被毛、皮肤、可视黏膜、分泌物以及脉搏的变化为主要检疫内容。其中，体温检测是牛检疫的重要项目，需逐头进行，并注意脉搏检查和肉垂皮温。牛的体温升高，常发生于牛的急性传染病。因此，当牛群发现传染病时，更应逐头测温，并根据传染病的性质，对同群牛采取隔离观察等措施。

3. 牛结核病的检疫

经临床检查有患结核病可疑的牛，立即用牛结核菌素变态反应检疫。在我国，牛结核检疫多采用牛结核菌素皮内注射结合点眼的变态反应方法。

(1)皮内变态反应

①部位及术前准备　将牛编号登记后，在颈内侧中部上 1/3 处(3 个月以内的犊牛可在肩胛部)剪毛(直径约 10 cm)，用卡尺测量术部中央皮皱厚度并记录下来。

②注射方法与剂量　保定牛只，用酒精棉球消毒术部。左手捏起术部中央皱皮，右手持皮内注射器皮内注射提纯牛结核菌素 0.1 mL。注射后局部应出现小泡，若无小泡，可选 15 cm 外的部位或对侧重做。

③观察反应　于注射后 72 h 观察注射局部有无热、痛、肿胀等炎性反应，用卡尺测量术部皮皱厚度，并记录下来。对呈阳性和疑似反应的牛，须在原注射部位以同样剂量做第二次注射，并

于第 48 h(即第一次注射后 120 h)记录结果,观察反应项目同上,均应详细记录。

④判定标准

阳性反应(+):皮厚差在 4.0 mm 以上。

疑似反应(±):皮厚差在 2.1～3.9 mm。

阴性反应(-):皮厚差在 2.0 mm 以下。

(2)点眼变态反应　每次检疫需进行两回,间隔 3～5 d。

①术前准备　检查两眼,结膜正常者可点眼,有眼病或结膜不正常者,不可点眼检疫。

②点眼方法与剂量　一般点于左眼,左眼有病可点于右眼,但须在记录上注明。点眼时保定牛头,用 1%硼酸棉球擦净眼外周的污物,用一手的中指、拇指使瞬膜与下眼睑形成凹窝,另一手持点眼管向凹窝内滴入提纯牛结核菌素 3～5 滴(0.2～0.3 mL)。若点眼管接触眼结膜或被污染,须用棉球消毒后再用。

③观察反应　点眼后应防止风沙入眼,避免阳光直射及牛头与物体摩擦。于点眼后第 3 h、6 h、9 h 各观察一次,必要时第24 h 再观察一次,每次记录结果。应观察眼结膜与眼睑肿胀状态,流泪及分泌物的性质与量的多少。由于结核菌素而引起的食欲减退或停止、全身战栗、呻吟、不安等全身性反应,均应记录。反应阳性和疑似牛,72 h 后于同一眼内再重做一次,观察及判定同上。

④判定标准

阳性反应(+):有两个大米粒大或 2 mm×10 mm 以上的呈黄白色的脓性分泌物自眼角流出,或散布在眼的周围,或积聚于眼结膜囊及其眼角内,或上述反应较轻,但有明显的结膜充血、水肿、流泪并有其他全身反应者。

疑似反应(±):有两个大米粒大或 2 mm×10 mm 以内的呈

灰白色、半透明的黏液性分泌物积聚在结膜囊内或眼角处,并无明显的眼睑水肿及其他全身性反应者。

阴性反应(－):无反应或仅有结膜轻微充血,流出透明的浆液性分泌物者。

(3)综合判定　上述两种方法中,任何一种方法呈阳性反应者,即判定为结核菌素阳性反应牛;两种方法中任何一种方法呈疑似反应者,即判为疑似反应牛。

(4)复检

①判定为疑似反应牛,应于检查后 25～30 d 后复检,结果仍为疑似的,再经 25～30 d 复检一次,仍为疑似的,可酌情处理。一般情况下,如果此牛来自健康牛群,判为阴性,而来自于非健康牛群的则判为阳性。

②在健康牛群中检出阳性反应牛时,应于 30～45 d 后进行全群复检,连续 3 次,不再出现阳性牛时,可认定为健康牛群。

③若在牛群中发现有开放性结核牛,同群被检牛虽是可疑反应牛,也应视为被感染牛,经两回检疫都为疑似者,即可判为结核菌素阳性牛。

注意:为便于观察一般在早晨进行为好。

4. 布氏杆菌病的检疫

布氏杆菌病的实验室检疫方法常用血清凝集试验,包括试管凝集反应和平板凝集反应。

(1)采血和分离血清

①操作方法　由颈静脉,以无菌操作采取血液 7～10 mL,沿管壁盛于灭菌试管中,记好动物编号和试管号,并立即摆成斜面使之凝固(冬季置于温暖处,夏季则置于阴凉处),凝固后 10～12 h 血清析出,用吸管吸出血清于灭菌试管中备检。若血清析出

量少，或上层凝块粘连管壁，使血清蓄积于凝块之下，可用无菌纤细铁丝或接种针沿管壁穿刺，使血凝块脱离管壁，然后放于阴暗处（夏季），让血清充分析出。

②注意事项　采血用针头、注射器，须事先高压灭菌或用生理盐水煮沸消毒，盛血试管也须事先干热或高压灭菌。

一畜一针，用完后置于3%来苏儿溶液中浸泡消毒，然后清洗，以免阻塞针孔。

采血最好在早晨采食前或停食6 h后进行，以获得良好血清。

采血时应使血液沿管壁流入管内，以免产生气泡，引起溶血。冬季采血应防冻。

血清尽可能于24 h内送检，最长不得超过3 d。否则应加防腐剂。通常每9 mL血清加入1 mL 5%石炭酸生理盐水，或每1 mL血清加入1～2滴2%石炭酸生理盐水。送凝固全血应防止振荡。

待检血清必须是无明显蛋白凝固、无溶血现象及无腐败气味的。加入石炭酸的血清，自采血之日算起不得超过15 d。

每份血清或血液必须标明牛号，注明加何防腐剂，同时附送采血登记表2份，以便核对。

(2)平板凝集试验

①操作方法　若为冷藏的血清，在检验前应先将被检血清置于室温下，使之达到20℃。最好用平板凝集试验箱，也可取一块洁净玻璃板，用蜡笔划成4 cm^2方格数列，每排7格。

按表1-9加样，用火柴杆或牙签由0.01→0.08的血清量顺序混合摊开，轻摇玻板，充分混合，火焰上微微加热（30℃左右）并不断转动，使之受热均匀。5～8 min内观察记录结果。

表 1-9 平板凝集试验操作步骤

方格号	1	2	3	4	阳性血清对照	阴性血清对照	抗原对照
被检血清/mL					阳性血清	阴性血清	生理盐水
布氏杆菌平板	0.08	0.04	0.02	0.01	0.03	0.03	0.03
凝集抗原/mL	0.03	0.03	0.03	0.03	0.03	0.03	0.03
相当于试管凝集的稀释倍数	1∶25	1∶50	1∶100	1∶200	—	—	—

大群检疫时，允许只用两个血清量做试验，即 0.04 mL 及 0.02 mL。

②结果判定

“＋＋＋＋”：出现大凝集片或小颗粒物，液体完全透明。

“＋＋＋”：有明显的凝集片或颗粒物，液体几乎透明。

“＋＋”：有可见的凝集片或颗粒，液体不甚透明。

“＋”：仅仅可见到颗粒，液体混浊。

“－”：液体均匀混浊，无凝集现象。

此法操作简便，用于大群检疫的粗筛。多个样品时只作一组对照。

(3)试管凝集试验

①操作方法　每份血清用 5 支试管，3 支对照管，置于试管架上。待检血清多时，只作一组对照。

按表 1-10 操作：

第一步，在 1 号管内加入 2.3 mL 0.5%石炭酸生理盐水，2～6 号管各加 0.5 mL。

第二步，取吸管吸被检血清 0.2 mL 于 1 号管，反复吹吸 2～3 次，使之充分混匀(防止气泡产生和吹出管外)，吸出 1.5 mL 弃去，再吸 0.5 mL 加入 2 号管吹吸混匀后，吸出 0.5 mL 加入 3 号管，依此类推至 5 号管，混匀后吸出 0.5 mL 弃去。6 号管不加血清，7 号管加 1∶25 阳性血清 0.5 mL，8 号管加 1∶25 阴性血清 0.5 mL。

第三步，在各管中均加入用 0.5%石炭酸生理盐水作 1∶20 稀释的抗原 0.5 mL，充分振荡。放入 37℃温箱 24 h，取出观察并记录结果。

表 1-10　试管凝集试验操作步骤

试管号	1	2	3	4	5	6	7	8
						对照		
血清稀释倍数	1∶12.5	1∶25	1∶50	1∶100	1∶200	抗原对照	阳性血清 1∶25	阴性血清 1∶25
0.5%石炭酸生理盐水/mL	2.3	0.5	0.5	0.5	0.5	0.5	—	—
被检血清/mL	0.2	0.5	0.5	0.5	0.5	—	0.5	0.5
(1∶20)抗原/mL	0.5	0.5	0.5	0.5	0.5	0.5	0.5	0.5
	弃1.5				弃0.5			

②结果判定　在阳性、阴性及抗原对照管反应正常的情况下判定。

“＋＋＋＋”：上层液体完全透明，管底有极显著的伞状沉淀物，表示菌体 100%被凝集。

“＋＋＋”：上层液体稍混浊，管底沉淀物与“＋＋＋＋”同，表示菌体 75%被凝集。

“＋＋”：液体半透明，管底有伞状沉淀物，表示菌体 50%被凝集。

“＋”：液体较混浊或透明不显著，管底有不明显的伞状沉淀物，表示菌体25％被凝集。

“－”：液体不透明，管底无伞状沉淀物，细菌呈圆点状沉于管底，振荡均匀混浊，表示菌体不凝集。

(4)判定标准　血清于1∶100稀释度(0.02 mL)出现“＋＋”以上的凝集现象为阳性反应。血清于1∶50稀释度(0.04 mL)出现“＋＋”以上的凝集现象为可疑反应。可疑反应的牛，于3～4周后重检，重检结果牛仍为可疑的，判为阳性。

(二)羊的检疫

1.羊的群体检疫

(1)静态　检查肉羊精神状况、营养、反刍、呼吸、立卧姿势等。

(2)动态　检查运动时头、颈、腰、背、四肢的运动状态。

(3)食态　检查饮食、咀嚼、吞咽时的反应。同时应检查排便时姿势，粪尿的质度、颜色、含混物、气味等。

2.羊的个体检查

个体检查包括群体检疫时发现的异常个体检查和随机抽样(20％)的个体检查。

(1)观察精神状况、外貌、营养状况、起卧运动姿势、蹄冠、趾间、反刍、呼吸以及皮肤、被毛、可视黏膜、天然孔、粪、尿等。

(2)触摸皮肤(耳根)温度、弹性，胸腹部敏感性，体表淋巴结的大小、形状、硬度、活动性、敏感性等。

(3)叩诊心、肺、胃、肠、肝区的音质、位置和界限，胸、腹部敏感程度。

(4)听叫声、咳嗽声、心音、肺泡气管呼吸音、胃肠蠕动音等。

(5)检查体温、脉搏、呼吸数。

(6)检查渗出物、漏出物、分泌物、排泄物等的颜色、质度、气味等。

二、牛羊的保健

(一)牛的保健

1.乳房卫生保健

奶牛乳房的健康,直接决定个体细胞的数量。同时,还对细菌数量产生一定的影响,从而与牛奶品质有着密切的关系,为此应做好以下几个方面的保健工作。

(1)挤奶员的个人卫生　指甲勤修,工作服勤洗,每挤完1头牛应洗手臂,洗手水可用0.1%漂白粉或0.1%新洁尔灭溶液。

(2)清洁的挤奶环境　用45～50℃的温水按顺序洗净乳房、乳头,并将其由上而下擦干。夏季(7～9月份)可在水中加入3%～4%的次氯酸钠。

(3)乳房按摩　乳房洗净后应进行按摩,使其膨胀后再挤奶,采用正确挤奶方法和操作规程。

(4)验乳　要干奶的牛,应在干奶前10 d进行隐性乳房炎监测,阳性牛进行治疗。干奶时,每个奶区注射一次抗生素药物。预产前1周,开始药浴乳头,每天2次。在乳房炎流行季节(7～9月份),每月对泌乳牛进行一次隐性乳房炎的监测。

2.蹄部卫生保健

蹄部疾病是影响养牛业的重要疾病之一。牛患蹄部疾病会影响牛的正常行走、生产性能和利用年限。据报道,我国奶牛蹄病的发病率为30%以上,其中以南方潮湿和炎热地区尤为严重。

因此，在生产中一定要做好蹄部保健工作。

(1)牛舍和运动场的环境与卫生　牛舍和运动场的地面应保持平整，及时清除粪便和砖头瓦块、铁器、石子等坚硬物体，夏季不积水，冬季不结冰，保持干燥。严禁使用炉灰渣垫运动场和通道。

(2)营养平衡　母牛蹄叶炎与消化道、子宫和泌乳系统的一些机能障碍有关。这些机能障碍在很大程度上受营养因素的影响。因此，日粮营养成分的平衡与否和日粮结构的变化对牛蹄的健康有很大影响，有时甚至造成牛群中大面积发病。

(3)修蹄　要经常保持蹄部卫生，牛在出产房前要预防性修蹄一次，另外每年春、秋两季应全群普查牛蹄底部，对增生的角质要修平，过长或变形的蹄应及时修剪，对于腐烂坏死的组织要削除并清理干净。修蹄工具主要包括：修蹄刀、蹄切刀、弯曲手锉各1把及磨石1块。

(4)蹄浴　蹄浴是预防腐蹄病的有效方法。其药物一般用3%甲醛溶液或10%硫酸铜溶液，可达到消毒作用，并使牛蹄角质和皮肤坚硬，达到防止趾间皮炎及变形蹄的目的。蹄浴方法：拴系饲养奶牛注意清除趾间污物，将药液直接喷雾到趾间隙和蹄壁。散养乳牛在挤乳厅出口处(不是在入口处)修建药浴池，该池大小为长×宽×深＝(3～5) m×0.75 m×0.15 m，药浴池地板要注意防滑。药液(3～5 L福尔马林 ＋ 100 L水)或10%硫酸铜溶液。一池药液用2～5 d。每月药浴1周。采用此法，乳牛走过遗留的粪土等极易沾污药液，故应及时更换新液。

(5)育种措施　蹄病的遗传已越来越被人们所重视。育种方案的实施对奶牛后代的肢蹄性状有很大的影响。有目的地选择育种性状，将肢蹄结构纳入育种选择指标，可有效提高后代蹄的质量。在生产中要使用已知可以提高肢蹄质量的验证过的公牛精液。

3.营养代谢病监控

营养代谢病系奶牛特别是高产奶牛长期摄入某种营养物质不足或过量，导致机体代谢失调和紊乱。因此，对代谢病的防治要早期监测，及早预防。在奶牛生产中应采取以下措施：

(1)定期进行血样抽查　定期监测血液中的某些成分，可预报一个牛群的代谢性疾病的发生。所以，每年应定期对干奶牛、低产牛、高产牛进行2～4次血检，及时了解血液中各种成分的含量和变化。所要检查的项目为：血糖、血钙、磷、钾、钠、碱贮、血酮体、谷草转氨酶、血脂等。

(2)建立产前和产后酮体检测制度　在产前1周和产后1个月内，隔日测尿pH(可用试纸法，正常尿液pH为7.0，当变黄时，即为酸性)、酮体或乳酮体1次，凡测定尿液呈酸性，尿(乳)酮体阳性者，可静脉注射葡萄糖液和碳酸氢钠溶液。另外，产前产后奶牛食欲不佳，体弱者，可静脉注射10%葡萄糖酸钙，以增强体质。在产奶高峰，精料喂量多时，应适当补充瘤胃缓冲剂，如碳酸氢钠和氧化镁、醋酸钠等，防止酸中毒。

4.繁殖障碍预防

随着奶牛产奶水平的不断提高，不孕症的发病率也呈上升趋势。据报道，高产牛群(年产量超过8 000 kg)母牛子宫和卵巢疾病发病率较一般牛群高5%～15%。为此，必须采取以下综合措施加以防范。

(1)保持良好体况　牛在泌乳初期和泌乳高峰期，由于受营养不足和体重的下降，受孕率明显下降，因此一定要注意日粮的适口性和营养平衡。定期对饲料营养成分进行化验监测，并保证优质干草和青贮饲料的充足供应是克服繁殖障碍行之有效的措施。

(2)干乳期和围产期饲养管理　干乳期合理投料，适当运动，控制母牛膘情(7～8成膘)，防止过肥或过瘦。过肥产后易出现繁殖障碍，如胎衣不下、子宫炎、子宫复原慢，平状卵泡等，使产后配种期延迟。

围产期要注意维生素A、维生素D、维生素E和微量元素硒的补充，矿物质钙、磷比例，以减少胎衣滞留和子宫复原延迟。

(3)产房管理　产房管理是奶牛健康管理的重点。产房人员必须接受培训合格后才能上岗，大型奶牛场的产房要24 h有人看守。产房要保持清洁干燥，每周进行一次大扫除和大消毒，并保持室内通风干燥，以防产后感染。接产遵守自然分娩原则，注意防止造成产道创伤和感染。当出现临产征兆时，应尽快移至分娩牛床位。胎儿出生后要做好新生犊牛的护理工作。

(4)实施母牛产后监控　产后24 h以内要观察胎儿产出情况和产道有无创伤、失血等，还应注意观察胎衣排出时间和是否完整以及母牛努责情况，要预防子宫外翻和产后瘫痪等；产后1～7 d为恶露大量排出期，要注意颜色、气味、内含物等变化。并应于早、晚各测体温一次；产后7～14 d，重点监控子宫恶露变化(数量、颜色、异味、炎性分泌物等)，必要时还应做子宫分泌物的微生物培养鉴定。根据药敏试验结果进行对症治疗；产后15～30 d，主要监控母牛子宫复原进程卵巢形态，并描述卵巢形状、体积、卵泡或黄体的位置和大小，必要时可检测乳汁进行孕酮分析。此间还可以称量体重，如失重过大，应设法在3个月内恢复，如超过4个月将对繁殖造成不良影响；产后30～60 d，重点监控卵巢活动和产后首次发情出现时间。如出现卵泡囊肿、卵巢静止则应对症治疗。到60 d如仍未见发情症状，须查清原因，及时采取措施。

(5)建立繁殖记录体系　为了不断改进管理措施，乳牛开始繁殖以后就要建立终生繁殖卡片和产后监控卡片等。

(二)羊的保健

(1)常年保持羊舍内外的环境清洁。重点是及时清理粪便等污物,降低污物发酵和腐败产生有害气体如氨气、二氧化碳等的含量。

(2)羊舍内外每天清扫1次,场地、用具等要坚持每周消毒一次。交叉使用两种或两种以上的消毒药(如2%～5%火碱溶液、3%的福尔马林溶液、10%的百毒杀溶液等),尽量做到羊栏净、羊体净、食槽净、用具净。病死羊的尸体要深埋或焚烧,严防传染病的流行。

(3)每年春、秋两季应进行一次大型的消毒。场门、场区入口处消毒池的药液要经常更换,保持有效浓度,并谢绝无关人员入场。羊粪应集中处理,可在其中掺入消毒液,也可采用疏松堆积发酵法用高温杀灭病菌和虫卵。常用消毒药物有2%～5%的火碱溶液、10%百毒杀或0.1%消特灵等。

(4)每年春季和秋季各注射羊四联苗(快疫、猝疽、羔羊痢疾、肠毒血症)一次。不论大小羊一律肌肉注射或皮下注射5 mL,对肠毒血症的免疫期为6个月,其他病为1年。

(5)每年的3月、6月、9月、12月各进行1次全群驱虫。药品有阿维菌素制剂、丙硫苯咪唑等。体外寄生虫可使用伊维菌素注射液(每千克体重0.2 mg,皮下注射),体内寄牛虫可使用丙硫苯咪唑(口服剂量为每千克体重15～20 mg)。

(6)坚持自繁自养。从外地引进羊只,要经严格检疫和驱虫,确认没有传染病时方可进场,不从疫区购买草料。

(7)要养成平时细心观察羊群的习惯(精神、食欲、运动、粪便等)。当发现异常羊或发病羊,应立即隔离治疗,以降低发病率和死亡率。同时用有效消毒药对羊舍、环境、用具、运输工具等进行消毒，对尚未表现出临床症状的易感羊只应立即隔离到安全地方饲养，病死羊尸体要深埋或焚烧。在日常管理中，也要防止通过饲养人员、其他动物和用具传染疾病。因此患有结核、布氏病的人不许做饲养员。

【知识链接】

我国结核病流行现状

结核病是典型的人、畜共患呼吸道传染病，人和牛的结核病可以相互传染，结核病被列入我国法定重大传染病。我国是全球22个结核病高负担国家之一，世界卫生组织估计，目前我国结核病年发病人数约为130万，占全球发病的14.3%，位居全球第二位。2001—2010年，我国肺结核报告发病人数始终位居全国甲乙类传染病报告发病数的前列。根据2010年全国第五次结核病流行病学调查结果，估算我国全人群活动性肺结核患病率为392/10万，其中传染性肺结核患病率为100/10万，也就是说我国平均每10万人口中约有400名活动性肺结核患者，其中有1/4具有传染性。据此估算，2010年我国现有活动性肺结核患者总数为523万，其中传染性肺结核患者总数为134万。同时，我国也是全球27个耐多药高负担国家之一。我国政府历来高度重视结核病防治工作，特别是从2001年开始，全面推行了现代结核病控制策略，各级政府积极履行承诺，不断加大投入力度，全国防治工作取得了显著的阶段性成果。

【提交作业】

结合实训的实际情况及学生个人的实习经历，写出实训基地的牛的保健措施；详细写明牛的群体检查和个体检查情况；写出牛结核病和布病的实验报告和结果。

【任务评价】

评价内容		评价标准分值	自我评分分值×20%	小组评分分值×30%	教师评分分值×50%
专业知识与技能	牛的群体和个体检疫	10			
	布鲁氏杆菌病和结核病检疫方法	10			
	牛群保健方法和注意事项	10			
	制定牛场检疫和保健方案	15			
	羊检疫和保健要领	10			
	制定羊场检疫和保健方案	15			
学习情境考核	学习态度	10			
	团队合作精神	5			
	规范操作情况	5			
	交流及表达能力	5			
	组织与协调能力	5			
	总分	100			
	得分				
	小组评语				
	教师评语				

项目二

牛羊饲养技术

岗位能力

通过实训，使学生在实岗操作中具备牛羊常用饲料种类的选择、饲料原料加工、日粮配制、加工、储备、利用的能力，并掌握全混合日粮饲喂技术。使动手能力、适应岗位的能力、组织生产的能力、解决实际问题的能力得到培养。

实训目标

通过实训，要求学生了解组织牛羊常用饲料的原则和具体要求，掌握牛羊常用饲料的年计划储备量和牛羊饲料利用情况。

工作任务一　牛羊常用饲料的组织与利用

【任务描述】

要求学生能了解并掌握牛羊常用饲料组织的原则、具体要求及利用情况。

【任务情境】

牛羊常用饲料的种类、粗饲料的加工调制、牛羊饲料的组织、牛羊场饲料结构。

【任务实施】

一、组织牛羊饲料的原则

(1)组织饲料必须贯彻质、量并重的原则。

(2)要发挥当地饲料资源优势。最大限度地提高专用饲料的生产水平和利用已有的饲料资源，并定期做好土壤的检测工作。

(3)全年饲料供给应均衡稳定。冬夏季日粮不得过于悬殊；饲料的选择要着重从“合理日粮”这一概念出发，不能脱离实际条件，不惜成本过分强调某一饲料的需求。

(4)采用的各种饲料应了解其来源、生产和加工方法、品质、经济价值及应用后的实际饲养效益。

二、组织牛羊饲料的具体要求

(1)每年应对所喂牛、羊的各种饲料进行一次常规营养成分测定，并反复做出饲用及经济价值的鉴定。

(2)精料补充料的配合比例，根据牛、羊不同生长、生理和泌乳阶段，能量饲料占50%～70%不等。

大力提倡种植豆科及其他牧草。调制禾本科干草，应于抽穗期刈割；豆科或其他干草，在开花期刈割。青干草的含水量在15%以下，绿色、芳香、茎枝柔软，叶片多，杂质少，并应打捆设棚贮藏，防止营养损失，其切铡长度应在3 cm以上。

(3)建议不喂青刈玉米，应喂带穗玉米青贮。青贮原料应富含糖分(例如甜高粱等)，干物质在25%以上。青贮玉米在腊熟期收贮。禾本科牧草在结籽前收割，各种含水分较多的根茎类应经风干，或掺入10%～20%的糠麸类饲料青贮，也可将豆科和禾本科草混贮，建议用塑料薄膜或青贮塔(窖)贮藏。制成的青贮料应呈黄绿色或棕黄色，气味微酸带酒香味，南方应推广青草青贮。

(4)块根、块茎及瓜果类应尽量用含干物质和糖多的品种，并妥善贮藏，防霉防冻。喂前洗净切成小块。糟渣类饲料除单喂外，也可与切碎的秸秆混贮。

(5)库存精饲料的含水量不得超过14%，谷实类饲料喂前应粉碎成1～2 mm粗粒和压扁，一次加工不应过多，夏季以10 d内喂完为宜。

(6)应重视矿物质饲料的来源和组成。在矿物质饲料中，应有食盐和一定比例的常量和微量矿物盐。例如，骨粉、白垩(非晶质碳酸钙)、碳酸钙、磷酸二钙、脱氟磷酸盐类及微量元素，并应定期检查饲喂效果。应用矿物质添加剂应注意选择符合国家饲料级品质标准的产品。

(7)配合饲料应根据本地区的饲料资源、各种饲料的营养成分，结合牛、羊的营养需要，因地制宜地选用饲料，进行加工配制。

(8)应用定型商品配(混)合饲料时，必须了解其营养价值。

(9)应用化学、生物活性等添加剂时，必须了解其作用与安全性。

(10)严禁饲喂霉烂变质饲料、冰冻饲料、农药残毒污染严重的饲料、被病菌或黄曲霉污染的饲料、黑斑病甘薯和未经处理的发芽的马铃薯等有毒饲料，严格清除饲料中的金属异物。

三、牛场饲料结构

1. 奶牛场饲料结构

(1)成年母牛(305 d产奶量6 000 kg，乳脂率3.4%)全年头均饲料储备量如下：

青干草：1 100～1 850 kg(应有一定比例的豆科干草)。

玉米青贮：10 000～12 500 kg(或青草青贮7 500 kg和青草

10 000～15 000 kg)。

块根、块茎及瓜果类:1 500～2 000 kg。

糟渣类:2 000～3 000 kg。

精饲料:2 300～4 000 kg(其中高能量饲料占 50%,蛋白质饲料占 25%～30%),精饲料的各个品种应做到常年均衡供应。尽可能研制供给适合本地区的经济、高效的平衡日粮,其中矿物质饲料应占精料量的 2%～3%。

(2)后备牛饲料储备量,见表 2-1。

表 2-1　后备牛饲料储备量　　kg/(年·头)

饲料类别	0～2 月龄	3～6 月龄	7～15 月龄	16 月龄至投产
青干草	30～40	250～350	800～1 000	1 400～1 600
青贮	30～40	200～250	2 200～2 400	3 000～5 000
青绿		100～400	500～1 500	1 000～3 000
块根块茎			适量	适量
糟渣			适量	适量
精料	17～20	200～220	700～800	1 400～1 600

2. 肉牛场饲料结构

育肥牛(6 月龄开始育肥,到 18 月龄出栏,青贮玉米为主型)牛均饲料储备量如下:

青干草:2 000～2 500 kg

玉米青贮:4 000～5 000 kg

块根、块茎及瓜果类:1 000 kg

糟渣类:2 000～3 000 kg

精饲料:2 000～3 000 kg(其中能量饲料占 70%～80%,蛋白质饲料占 20%～30%),精饲料的各个品种应做到常年均衡供应。尽可能研制供给适合本地区的经济、高效的平衡日粮,其中矿物质饲料应占精料量的2%～3%，并按精饲料重量的0.5%添加缓冲剂碳酸氢钠，以提高精饲料的利用率。

四、羊场饲料结构

(1)种公羊全年头均饲料储备量如下：

青干草：600～700 kg

玉米青贮：300～400 kg

块根、块茎及瓜果类：300～400 kg

牛奶：200 kg

鸡蛋：100 kg

精饲料：200～300 kg（种公羊的配种期日粮，每天饲喂2.0饲料单位，250 g可消化粗蛋白，随着每天采精次数的增加而逐渐提高标准及其他特需的饲料如新鲜的鸡蛋、牛羊奶等。）

(2)繁殖母羊全年头均饲料储备量如下：

牧草：200～300 kg

青干草：300 kg

玉米青贮料：1 000 kg

精饲料：100～200 kg（繁殖母羊补饲重点关注妊娠后期和哺乳前期的营养需要量，妊娠后期母羊日粮在普通日粮的基础上，能量和可消化蛋白质分别提高20%～30%和40%～60%，钙、磷增加1～2倍。）

(3)羔羊全年头均饲料储备量如下：

精饲料：15～20 kg

牧草：50 kg

块根、块茎及瓜果类：5～10 kg

(4)育成羊全年头均饲料储备量如下：

青干草：400～500 kg

玉米青贮料：1 100～1 200 kg

块根、块茎及瓜果类：适量

精饲料：100～200 kg（在有优良的豆科干草时，日粮中精料的粗蛋白质含量提高到15%或16%，混合精料中的能量水平占日粮能量的70%左右为宜。每天饲喂混合精料以0.4 kg为好，同时，饲料搭配还需多样化，适当地添加粗饲料青干草、青贮饲料、块根块茎等多汁饲料。另外还要注意钙、磷、食盐和微量元素的补充。）

(5)育肥羊全年头均饲料储备量如下：

青干草：60～70 kg

玉米青贮：150～200 kg

精饲料：60～90 kg（为确保羊只每天均能摄取所需要的营养物质，必须考虑羊的采食量、饲料容积及饲料养分浓度之间的关系。一般每100 kg体重羊每日所需干物质数量在2.5～3.5 kg。）

【知识链接】

牛羊日粮配合

1.日粮的概念

牛羊日粮是指牛羊个体在昼夜24 h内所采食的各种饲料组分的总量。单一饲料不能满足牛羊的营养需要，也难以发挥应有的生产潜力，所以必须将各种饲料相互搭配形成日粮。而日粮配合是选择不同数量的几种饲料原料，按照营养需要配合在一起，来作为个体牛羊每天所需的配合饲料。能满足牛羊不同生物学时期营养比较齐全的日粮称为日粮或平衡日粮。

2.日粮配比应遵循的原则

(1)按照饲养标准配比。根据牛羊不同生物学时期的饲养标准（营养需要量）来配制牛羊配合饲料的作用是要保证其生长发育、生产所需要的营养。因此，在进行日粮配制时，首先要以牛羊不同生理时期的饲养标准和选用饲料的营养成分与营养价值为依据，并根据本地的饲养实践灵活应用。

(2)准确选用原料。尽可能选用营养丰富、价格低廉、容易获得的饲料原料。饲料占牛羊生产成本的60%以上,在配制日粮时要求尽可能以最少的饲料获得最多的畜产品。故应因地制宜,选用当地容易得到、价廉物美的饲料原料作为主要成分,认真进行成本核算以设计可行的饲料配方。

(3)要考虑到牛羊的消化生理特点,选用适宜的饲料。牛羊是反刍动物,在进行饲料配制时,必须含有一定比例的粗纤维饲料,以符合其生理消化特点。同时,应注意玉米等谷类饲料不能粉碎太细,否则会影响牛羊的消化功能。颗粒饲料是饲喂奶牛较好的饲料之一。

(4)饲料的品质和适口性要好。配合饲料的品质取决于饲料原料的品质,变质发霉的原料不能使用。含毒原料要在脱毒后使用或控制一定的用量。饲料的水分也不能太多,否则往往因水分过高影响配合饲料的质量。有些饲料所含营养很丰富,但有异味,牛羊不爱吃,即使有营养也不能利用。单用菜籽饼,往往适口性差,若与豆粕共用,可提高适口性。试验证明,配种期母羊日粮中添加鱼粉,可提高受胎率,但鱼粉对羊的适口性不好,添加时不能超过日粮的5%。

(5)混合均匀。各种饲料在配制时一定要混合均匀,对使用比例较小的应先与少量饲料预混,然后和大量饲料混合。如果混合不均匀,牛羊个体间采食不均,除了失去应发挥的作用外,也容易造成中毒,带来不应有的损失。

【提交作业】

结合实训的实际情况及学生个人的实习经历,写出实训基地的饲料组织、饲料结构、饲料储备、饲料保存及饲料配制加工过程;写出实验报告和结果。

【任务评价】

评价内容		评价标准 分值	自我评分 分值×20%	小组评分 分值×30%	教师评分 分值×50%
专业知识与技能	常用牛羊饲料的种类	10			
	牛羊饲料的组织	10			
	牛场饲料结构	10			
	羊场饲料结构	10			
	牛日粮配合技术	15			
	羊日粮配合技术	15			
学习情境考核	学习态度	10			
	团队合作精神	5			
	规范操作情况	5			
	交流及表达能力	5			
	组织与协调能力	5			
	总分	100			
	得分				
	小组评语				
	教师评语				

工作任务二　全混合日粮饲喂技术

【任务描述】

通过实训，要求学生明确 TMR 日粮的利与弊，TMR 饲喂技术的应用范围；熟悉 TMR 设备；掌握 TMR 饲喂技术要点。

【任务情境】

全混合日粮的概念、全混合日粮的优缺点、全混合日粮的技术要点及注意事项。

【任务实施】

一、全混合日粮饲养技术要点

1. 合理分群

全混合日粮饲养方式的奶牛场，要定期对个体牛的产奶量、乳成分、体况以及牛奶质量进行检测，并将营养需要相似的奶牛分为一群。对于大多数奶牛场可将成母牛分为 3 群，即高产牛群、中低产牛群和干奶牛群。

2. 经常检测日粮及其原料的营养含量

测定原料的营养成分是科学配制全混合日粮的基础。即使同一原料因产地、收割期及调制方法不同，其干物质含量和营养成分也有较大差异，所以应根据实测结果配制相应的全混合日粮。还必须经常检测全混合日粮的水分含量和奶牛实际的干物质采食量，以保证奶牛能食入足量的营养物质。一般全混合日粮水分含量以 35%～45%为宜。

3. 科学配制日粮

在配合日粮时，除考虑奶牛产奶量和体况需要外，还应保证绝大多数牛在泌乳中期和后期摄取额外的营养物质，以补偿泌乳早期体重的损失，使初产牛或二胎牛在泌乳期有所增重。

4. 日粮的营养要平衡和均匀

配制全混合日粮是以营养浓度为基础，这就要求各原料组分必须计量准确、充分混合。使用全混合日粮，需要配备性能先进的饲料搅拌喂料车，它集饲料的混合和分发为一体，全混合日粮的饲喂过程由电脑进行控制。同时，为了保证日粮混合质量，还应制定科学的投料顺序和混合时间，投料顺序一般为：干草→精料（包括添加剂）→青贮料。混合时间：转轴式全混合日粮混合机通常在投料完毕后再搅拌 5～6 min，如果日粮中没有 15 cm 以上的粗料则搅拌 2～3 min 即可。

5. 控制分料速度

采用混合喂料车投料，要控制车速（20 km/h）和放料速度，以保证全混合日粮投料均匀。同时，每天投料 2 次以上，每次投料时饲槽要有 3%～5%的剩料，以防牛只采食不足，影响产奶量。

6. 检查饲养效果

注意观察奶牛的采食量、产奶量、体况和繁殖状况，根据出现的问题及时调整日粮配方和饲喂工艺，并淘汰难孕牛和低产牛，以提高饲养效果。

目前，全混合日粮饲喂技术已在我国北京、上海、广州、辽宁、福建等地的许多大型现代化奶牛场中广泛应用，并都取得了良好的效果。

二、使用全混合日粮的注意事项

1. 单独的全混合日粮系统

TMR 的质量直接取决于所使用的各饲料组分的质量。对于泌乳量超过 10 000 kg 的高产牛群，应使用单独的全混合日粮系统。这样可以简化喂料操作，节省劳力，增加奶牛的泌乳潜力。

2. 干物质采食量

刚开始投喂 TMR 时，不要过高估计奶牛的干物质采食量。过高估计采食量，会使设计的日粮中营养物质浓度低于需要值。可以通过在计算时将采食量比估计值降低 5%，并保持剩料量在 5%左右来平衡 TMR。

3. 稳定营养物质含量

为了防止消化不适，TMR 的营养物质含量变化不应超过 15%。

4. 合理分群

一个 TMR 组内的奶牛泌乳量差异不应超过 9～11 kg(4%乳脂)。产奶潜力高的奶牛应保留在高营养的 TMR 组，而潜力低的奶牛应转移至较低营养的 TMR 组。如果根据 TMR 的变动进行重新分群，应一次移走尽可能多的奶牛。白天移群时，应适当增加当天的饲料喂量；夜间转群，应在奶牛活动最低时进行，以减轻刺激。

5. 个体差异

饲喂 TMR 还应考虑奶牛的体况情况、年龄及饲养状态。当 TMR 组超过一组时，不能只根据产奶量来分群，还应考虑奶牛的体况情况、年龄及饲养状态。高产奶牛及初产奶牛应延长使用高营养 TMR 的时间，以利于初产牛身体发育和高产牛对身体储备损耗的补充。

6. 饲喂技术

TMR 每天饲喂 3～4 次，有利于增加奶牛干物质采食量。TMR 的适宜供给量应略大于奶牛最大采食量。一般应将剩料量控制在 5%～10%，过多过少都不好。没有剩料可能意味着有些牛采食不足，过多则会造成饲料浪费。当剩料过多时，应检查饲料配合是否合理，以及奶牛采食是否正常。

【知识链接】

全混合日粮饲养技术的优缺点

1. 优点

(1)可以大幅度提高劳动效率。

(2)能够增加奶牛的采食量。

(3)能够保证饲料的平衡和采食均衡，有效避免奶牛挑食造成的养分摄入不均。

(4)有利于减少产后疾病，维护奶牛健康。

2. 缺点

(1)奶牛必须进行分群饲喂，由于频繁分群而增加工作量。

(2)需要购置专业的设备用于称量、混合及分发日粮，增加成本。

(3)需要经常检测日粮营养成分，计算日粮配方。

(4)长草需要进行切断混合。因此，全混合日粮饲养技术对于成年母牛在100～150头以下的小型奶牛场不太适用。

【提交作业】

理解TMR饲料概念；结合实训的实际情况及学生个人的实习经历，写出实训基地TMR饲料的主要机械设备、原料采集、饲料配制加工过程、饲料分发及牛羊分群和管理措施；写出实验报告和结果。

【任务评价】

评价内容		评价标准 分值	自我评分 分值×20%	小组评分 分值×30%	教师评分 分值×50%
专业知识与技能	牛羊 TMR 饲料的主要机械设备识别及操作	10			
	牛羊分群	10			
	原料营养成分测定	10			
	TMR 日粮配合技术	20			
	TMR 饲料生产技术	10			
	TMR 日粮分发技术	10			
学习情境考核	学习态度	10			
	团队合作精神	5			
	规范操作情况	5			
	交流及表达能力	5			
	组织与协调能力	5			
	总分	100			
	得分				
	小组评语				
	教师评语				

项目三

牛羊生产管理技术

岗位能力

牛羊生产实践中常规的管理技术及挤奶技术。

实训目标

通过实训，使学生掌握牛羊的编号和标记、去角、断尾、去势等常规管理技术，掌握牛羊挤奶技术规程。

工作任务一　牛羊生产常规管理技术

【任务描述】

掌握牛羊生产常规管理技术。

【任务情境】

通过实训，实地掌握牛羊的编号和标记、去副乳头、去角、断尾、肢蹄护理、去势、剪毛、梳绒技术。

【任务实施】

一、牛羊的编号和标记

1. 牛的编号和标记

(1)编号方法　犊牛、羔羊出生后，应立即给予编号。编号的方法很多，下面推荐一种10位数编号方法。

第一部分是全国省、自治区、市编号，两位数。如北京市为“01”。

第二部分是省、市内牛场的编号3位数。如某牛场编号为“888”。

第三部分是年度后两位数。如2002年为“02”。

第四部分是年内出生顺序号3位数。如某犊牛年内出生顺序号为“333”。

如此这样，就获得了一个“0188802333”的牛号。前两部分是对于一个牛场来讲是固定不变的；后两部分编号牛场可根据年度及出生顺序，自己掌握。在牛群的管理中，往往只标记后两部分编号。如“02333”，说明是2002年出生的第333个犊牛。

此外，系谱还需对进口牛记载原牛号、登记号、原耳号、牛名等。不同国家来源的牛还需注明来源国家的缩写，如美国“USA”，荷兰“NLD”加拿大“CAN”，日本“JPN”，德国“DEU”，丹麦“DNK”等(根据《世界荷斯坦弗里生联合会》规定)。

(2)标记方法　打号的方法很多，有耳标法、截耳法、角部烙字法、刺墨法、火烙法、牛体写字法和液氮冷烙法等。目前常用的为耳标法，介绍如下。

事先准备耳标、安装钳、备用针、标签笔等相关器具。然后，将牛保定好；在安装钳上安装耳标；把装好的安装钳和耳标一起浸泡消毒;左手固定耳朵,右手执钳,在耳部中心位置明显地方,迅速用力夹下去,便可戴上耳标。

2. 羊的编号和标记

为了选种、选配和进行科学饲养管理,羔羊需要编号。羔羊出生后 2～3 d,结合出生鉴定,即可进行个体编号,常用的方法有戴耳标法、刻耳法、墨刺法和烙角法等。

(1)耳标法　耳标是固定在羊耳上的标牌。制作耳标的材料有铝片和塑料。根据耳标的形状分为圆形和长方形两种。耳标习惯编号的方法是第一字母表示出生年号,其后为个体号,公羔编单号,母羔编双号。在耳标背面编品种号,如中国美利坚奴羊用"M"代表,"Mx"代表中国美利坚奴羊与新疆细毛羊杂交的杂种羊。至于代表几代,可在后面加 1、2、3,分别代表一代、二代、三代。但如何编号更便于科学饲养管理,由各单位自定。

(2)刻耳法　是指用缺刻钳在羊耳边缘刻缺口,进行编号或标明等级。刻耳法做个体编号,在羊左右两耳的边缘刻出缺口,代表其个体编号。要求对各部位缺口代表的数字都有明确的规定。通常规定,左耳代表的数小,右耳代表的数大,左耳下缘一个缺口为 1,两个缺口为 2,上缘一个缺口为 3,耳尖一个缺口为 100,耳中间一个圆孔为 400;右耳下缘一个缺口为 10,两个缺口为 20,上缘一个缺口为 30,耳尖一个缺口为 200,耳中间一个圆孔为 800。刻的缺口不能太浅,否则随着羔羊的生长不易识别。此法的优点是经济简便易行。缺点是不适用羊的数量较多的养羊场。缺口太多容易识错,耳缘外伤也会造成缺口混淆不清。因此,刻耳法常用作种羊鉴定等级的标记。纯种羊以右耳作标记,杂种羊以左耳作标记。在耳的下缘作一个缺口代表一级,两个缺口代表二级,上缘一个缺口代表三级,上下缘各一个缺口代表四级,耳尖一个缺口代表特级。

(3)墨刺法　刺字是用特制的刺字钳和十字钉进行羊只个体编号。刺字编号时，先将需要编的号码在刺字钳上排列好，在耳内毛较少的部位，用碘酒消毒后，夹住耳加压，刺破耳内皮肤，在刺破的点线状的数字小孔内涂上蓝色或黑色染料，随着染料渗入皮内，而将号码固定在皮肤上，伤口愈合后可见到个体号码。刺字编号的优点是经济方便。缺点是随着羊耳的长大，字体容易模糊。因此，在刺字后，经过一段时间，需要进行检查，如不清楚则需重刺。此法不适于耳部皮肤有色的羊只。此方法目前不多见。

(4)烙角法　仅限于有角的公、母羊。用烧红的钢印，把号码烙在角上。这种方法可作为辅助编号，检查时较方便。

二、犊牛去副乳头

剪除副乳头的最佳时间是2～6月龄，尽量避开夏季。

剪除方法：先清洗、消毒乳房周围部位；然后，轻轻下拉副乳头，用锐利的剪刀(最好用弯剪)沿着基部剪掉副乳头，伤口用2%～5%的碘酒消毒或涂抹少许消炎药，有蚊蝇的季节可涂抹少许驱蝇剂。

注意事项：剪副乳头时，一定不要剪错，如果不能区分副乳头和正常乳头，可推迟直至能够区分时再进行。

三、牛羊去角

牛羊去角一般在初生后10 d以内进行。去角时间以早春或晚秋较好。去角的牛羊应事先隔离。去角用设备应彻底消毒。去角后，需经常细心观察，在夏季蚊蝇多时，有发炎化脓的可能。如果化脓，在初期可用3%双氧水冲洗，再涂以碘酊。年龄较大的牛可用后两种方法。

(1)固体苛性钠法　先剪去角周围的毛,角周围皮上用凡士林涂一圈,以防药液流出,伤及头部或眼睛。然后用苛性钠棒(锭)蘸水在剪毛处画圈直到皮肤发红但未出血为止,面积约1.6 cm^2。应注意,下雨天应将牛羊关入舍内,以免雨水将苛性钠冲入眼中;正在哺乳的犊牛、羔羊,施行手术后4～5 h后才能到母牛、母羊处哺乳,以防苛性钠腐蚀母牛、母羊乳房及皮肤。

(2)电烙铁去角法　用200～300 W电烙铁加热后,牢牢地按压在角基部,一直到其下部组织烧的光亮为止,但不宜太深、太久,以免烧伤下层组织。一般时间不超过1 min。再涂以青霉素软膏。

(3)锯角　锯有两种,一种是骨锯,动手术用,或用钢锯也可锯角;另一种是钢丝锯,较细长,30～40 cm,两头固定在两个木把上,然后套在角上,在靠近皮肤处锯掉,效果较好。锯角时头要保定住,最好用麻醉剂注射于角眼间,锯角时保定紧,动作宜快,不可将角锯碎,渣子掉进伤口。利用药棉花抹松焦油堵于伤口可防蝇,也可止血,如出血可用烙铁烧焦。也可用止血钳夹住动脉血管止血。高锰酸钾粉也可止血。

(4)钳子去角　钳子去角较用锯子去角速度快,痛苦小,适用于年幼牛,因为这时角质较软,不像老牛角发脆易碎,但要预防出血、止血。钳子夹角应离皮肤1.6 cm,太高了角又长出来了。

总之,用钳子或锯去角,需在1岁以后角不再生长时进行。

(5)圆筒刀去角　对于5～7月龄牛可用细管制成的圆筒刀去角,刀的另一端装有木盖防止伤到手,筒的一侧有个长圆孔,便于顶出脱落的角。去角时圆筒刀垂直向角使劲,同时旋转圆筒刀,直至角掉下,这样出血不多。

四、羔羊断尾

羔羊的断尾主要针对肉用绵羊公羊同本地母绵羊的杂交羔羊、半细毛羊羔羊。这些羊均有一条细长尾巴，为避免粪尿污染羊毛，及防止夏季苍蝇在母羊阴部产卵而感染疾病，便于母羊配种，必须断尾。断尾应在羔羊生后 10 d 内进行，此时尾巴较细，出血少。断尾有热断法、结扎法和快刀法 3 种。

(1)热断法　需要一个特制的断尾铲(厚 0.5 cm，宽 7 cm，高 10 cm)和两块 20 cm 见方的木板，木板两面钉上铁皮。一块木板叫挡板，在其下方，挖一个半圆形的缺口，断尾时把尾巴正好压在这半圆形的缺口里。同时防止灼热的断尾铲烫伤羔羊的肛门和睾丸；另一块叫垫板，断尾时衬在板凳上。

断尾时，一人保定羔羊，保定的方法为：左右手分别抓住羊一侧的皮肤及前后肢。让羊的背部紧靠保定人的前胸并呈半蹲状。另一个人将羊尾的皮肤向尾根处捋起，在距离尾根 5～6 cm 处(第三、四尾椎之间)，用带有半圆形缺口的挡板将羊尾紧紧压住，用烧至暗红色的断尾铲放在羊尾上稍微用力往下压，即将羊尾断下。断尾后松开捋起的皮肤，使其包住伤口，如果伤口出血，还可再用断尾铲烧烙伤口，然后用碘酊消毒。

(2)结扎法　原理和结扎去势相同，即用橡皮筋在尾巴第三、四尾椎之间紧紧扎住，断绝血液流通，经 10～15 d，被橡皮筋扎住的羊尾下端即可自行脱落。该方法安全、方便，但所需时间较长。

(3)快刀法　先用细绳捆紧尾根，断绝血液流通。然后用快刀在离尾根 4～5 cm 处切断，伤口用纱布、棉花包扎，以免引起感染或冻伤。当天下午将尾根的细绳解开，使血液流通，一般经 7～

10 d 伤口即可愈合。该方法对羊只伤害较大，现已不常用。

五、牛羊肢蹄护理

1. 修蹄

奶牛每年要在春、秋两季定期进行修蹄。正常牛前蹄的角度应为 45°，后蹄为 50°。

(1)修蹄注意事项　修蹄要用保定架，也可用手举蹄但时间长了太费力，削蹄的效果就差。用保定架拴牛要注意牛的安全，不要伤着脊椎骨、角、鼻中膈、四肢。牛胆小，操作不可粗暴，可让它吃点草，或搔痒，使其安静。搔痒可以，但牛不喜欢人靠近它，这会使它不安。

切削蹄尖时，蹄底及蹄负面容易削过头。蹄尖特别弯曲，不要一次削好，这样容易削过头。蹄底一般都薄，决不可削过。蹄缘上要除去枯角，负面不可突出。要特别注意削变形蹄、长蹄，修蹄可分两三次进行。削蹄结束时，应将蹄外缘锉圆，免得伤到乳房、乳头。正常应每 3～6 个月修一次。如果发现蹄部问题应及时修理。

(2)修蹄方法　首先，应对蹄仔细观察。牛蹄应定期(3～6 个月)检查一次。削蹄前，要观察蹄形存在的问题，这就需要观察牛站立，走动的情况，从牛前后，侧面查看延长、突出部、角度，对左右蹄、内外蹄进行对比，判断其蹄形、肢势，趾轴是否一致等。根据这些就可开始修蹄。修蹄的最终目的一是要使蹄的负面平整，二是要加大负面纵径，以便能均匀地负担体重和安全走步。

正常蹄的切削法：长时间未修但蹄形无异常变化的，可按正常切削法处理。先切削蹄底部，由蹄踵到蹄底，再到蹄尖。削到蹄底与地面平行为止。削时注意用手指按蹄底要有硬度，特别注意蹄底一旦出现粉红色，就应停止。

幼牛蹄修剪法：幼牛蹄长得慢，无须大修，可用蹄剪一点一点剪齐，或叫牛站木板上用錾子凿齐。注意一点一点削，以免削过头。最后用锉子磨齐。如有必要再削蹄底面。

副蹄的切削法：副蹄长了最易创伤泌乳牛的乳头、乳房，尤其在分娩前后母牛起卧频繁，泌乳盛期乳房膨大时，更易伤着乳房。副蹄长了也不美观，所以必须及时修剪。可用蹄钳，蹄剪切短，最后用锉或砂轮磨圆。

对X肢势、刀状肢势的矫正：后肢X肢势，可多削点外蹄使左右肢的关节离开一些。镰刀后腿往往与长蹄有关，这时可按长蹄切削。如果是O状后肢则宜多削两后蹄的内蹄。

对长蹄、刀蹄、长嘴蹄、猪蹄、拖鞋蹄的修法：由于牛体重长期落在蹄踵上，蹄子延长，蹄底满而阔，蹄尖上翻，蹄角度低，在不伤害蹄的情况下，可多削蹄尖及蹄侧，但要削两三次，隔一周修一次。如果削后蹄负面、蹄面仍与地面不平有缝隙，就要对蹄踵适当削切，增加负面纵径，使蹄完全接触地面。

对上翻、内卷、凹弯蹄的修法：由于蹄踵负重过大会使蹄尖上翻，又由于奶牛长期饲养在牛舍中，起立时采取广踏，造成内侧蹄壁卷曲。因而修蹄时一定要内外蹄削匀，使内外蹄能平均负担体重。

2.洗蹄

洗蹄常用的药物是硫酸铜溶液。具体方法是在清除牛蹄表面和蹄叉内的杂质后，用10%硫酸铜溶液喷洒蹄面和蹄叉，可视环境情况不定期进行。每月可用20%硫酸铜溶液浸泡牛蹄一次。

3.肢蹄日常护理要点

(1)正确使用垫草和垫料。

(2)保持牛床和地面干燥。

(3)经常清除蹄叉中夹带的牛粪。

(4)避免长途赶牛行路。

(5)防止物理伤害。运动场、路上必须无异物,也不可有尖锐的棱角(如粪尿沟等),冬季也不许有冰结的泥块。此外,牛后铲粪、犁地、耙地要防止牛踢伤蹄,拉车下坡也易伤着蹄腿,应该注意。

六、羊去势

去势亦称阉割,经去势的羊通常称为羯羊。去势后的公羔,性情温顺,管理方便,节省饲料,肉的膻味小,且较细嫩。去势一般与断尾同时进行,时间一般为 10 d 左右 ,选择无风、晴暖的早晨。去势时间过早或过晚均不好,过早睾丸小,去势困难;过晚流血过多,或可发生早配现象,去势方法主要有以下几种。

(1)结扎法　当公羊 1 周龄时,将睾丸挤在阴囊里,用橡皮筋或细线紧紧地结扎于阴囊的上部,断绝血液流通。经过 15 d 左右,阴囊和睾丸干枯,便会自然脱落。去势后最初几天,对伤口要常检查,如遇红肿发炎现象,要及时处理。同时要注意去势羔羊的环境卫生,勤换垫草,保持清洁干燥,防止伤口感染。

(2)去势钳法　用特制的去势钳,在阴囊上部用力紧夹,将精索夹断,睾丸则会逐渐萎缩。此法无创口、无失血、无感染的危险。但经验不足者,往往不能把精索夹断,达不到去势的目的,经验不足者忌用。

(3)手术法　手术时常需两人配合，一人保定羊，使羊半蹲半仰，置于凳上或站立；一人用3%石炭酸或碘酒消毒，然后手术者一只手捏住阴囊上方，以防止睾丸缩回腹腔中，另一只手用消毒过的手术刀在阴囊侧面下方切开一个小口约为阴囊长度的1/3，以能挤出睾丸为度，切开后，把睾丸连同精索拉出撕断。一侧的睾丸摘除后，再用同样的方法摘除另一侧睾丸。也可把阴囊的纵膈切开，把另一侧的睾丸挤过来摘除。这样少开一个口，利于康复。睾丸摘除后，把阴囊的切口对齐，用消毒药水涂抹伤口并撒上消炎粉。过1～2 d进行检查，如阴囊收缩，则为正常：如阴囊肿胀发炎，可挤出其中的血水，再涂抹消毒药水和消炎粉。

去势的最初几天，对伤口要常检查，如遇红肿发炎现象，要及时处理。同时要注意去势羔羊的环境卫生，勤换垫草，保持清洁干燥，防止伤口感染。

七、羊剪毛

1. 剪毛次数和时间

(1)剪毛次数　剪毛次数应根据羊的品种而定。细毛羊、半细毛羊及其生产同质毛的杂种羊，一年内仅在春季剪毛一次。粗毛羊和生产异质毛的杂种羊，可在春、秋季节各剪毛一次。

(2)剪毛时间　剪毛具体时间主要是依当地气候变化考虑的，但也受其他生产环节的影响。譬如说，配种时间拖长，产羔也势必拖延，这样羊群放不好头青，本来已到剪毛的时间，也会因营养过差而拖后剪毛。

剪毛应在当地气候已经变暖且变化不大，牧草已经长起，羊群已抓好头青，营养状况已经恢复的时间进行。如果剪毛过早，可能因气候多变，使羊体受冻害而造成损失，过迟既阻碍羊体散发热量而影响羊只放牧抓膘，又会出现羊毛自行脱落而造成经济损失。因此，春季剪毛，应在气候变暖，并趋于较稳定时进行。我国西北牧区春季剪毛，一般在 5 月下旬至 6 月上旬，青藏高寒地区在 6 月下旬至 7 月上旬，农区在 4 月中旬至 5 月上旬。秋季剪毛多在 9 月份进行。

2.剪毛前的准备

剪毛的季节性很强，剪毛持续的时间越短，越有利于羊只的抓膘。为保质保量做好绵羊的剪毛工作，在剪毛前要拟订好剪毛计划，内容包括剪毛的组织领导、剪毛人员及其物品准备。

剪毛场地的选择，应根据具体条件而定。若羊群小，可采用露天剪毛，场地应选择高燥清洁，地面为水泥地面或铺晒席，以免玷污羊毛；羊群大，可设置剪毛室。剪毛室一般包括 3 部分，即羊只等候剪毛的待剪羊只室、剪毛室和羊毛分级包装室。在剪毛台上剪毛可减轻剪毛工人的体力消耗，剪毛台长 2.5～3.0 m，宽 1.5～1.7 m，高 0.3～0.5 m。羊毛分级台长 2.5～3.0 m，宽 1.2～1.5 m，高 0.8 m；台面用木质格栅制成，格栅木条间距为 2.0～2.5 cm；台下设有收集小毛块的毛袋。分级台的前面设盘秤，用来称量每只羊的毛被重量；台的附近设有盛装羊毛的毛袋。在剪毛室大门出口处，设有磅秤，用来称量绵羊体重和毛包重量。

羊群在剪毛前 12 h 停止放牧、喂料和饮水，以免在剪毛过程中粪尿污染羊毛和因饱腹在翻转羊体时引起胃肠扭转事故。剪毛前使羊群拥挤在一起，促进排出油汗，滋润羊毛纤维。便于剪毛。雨后因羊毛潮湿不应立即剪毛，否则剪下的羊毛包装后易引起霉烂。剪毛可从羊毛品质较差的绵羊开始。在不同品种中，可先剪异质毛羊，后剪同质毛羊，最后剪细毛羊和半细毛羊；同一品种中，剪毛顺序为羯羊、试情公羊、育成公羊、母羊和种公羊，这样可利用价值较低的羊只，让剪毛人员熟练技术，减少损失。

3. 剪毛方法

主要分为手工剪毛和机械剪毛两种。手工剪毛是用一种特制的剪毛剪进行剪毛，劳动强度大，1 人 1 天能剪 20～30 只羊。机械剪毛是用一种专用的剪毛机进行剪毛，速度快，质量好，效率比手工剪毛可提高 3～4 倍。目前，世界养羊业发达的国家，不断改进剪毛工艺，采用快速剪毛法，能显著提高生产效率，如在新西兰，一个熟练的剪毛工人，平均每天可剪绵羊 260～350 只，最高纪录是 9 h 剪 500 只绵羊。

4. 剪毛程序

我国在新西兰道思快速剪毛法的基础上，结合新疆细毛羊的特点和我国机械剪毛工艺的优点，研究出机械剪毛新工艺，其主要程序如下。

(1)剪毛员用两膝夹住羊背，左臂把羊头夹在腋下，左手握住羊的左前肢，使腹部皮肤平直，先从两前肢中间颈部下端把毛被剪开，沿腹部左侧剪出一条斜线，再以弧线依次减去腹毛(图 3-1)。左手按住羊的后胯，使羊两后肢张开。先从左腿内侧向蹄剪，后由蹄部往回剪，剪去后腿内侧毛(图 3-2)。

图 3-1　剪腹毛

图 3-2　剪后腿内侧毛

图 3-3　剪左后腿外侧毛

(2)剪毛员右腿后移,使羊呈半右卧势,把羊两前肢和羊头置于腋下,左手虎口卡住左后腿使之伸直,先由左后蹄剪至肋部,依次向后剪至尾根,剪去左后腿外侧毛(图 3-3)。从后向前剪去左臀部羊毛。然后提起羊尾,剪去尾的羊毛。

(3)剪毛员膝盖靠住羊的胸部,左手握住羊的颌部,剪去颈部左侧羊毛,接着剪去左前肢内外侧羊毛(图 3-4)。剪毛员左手握住前腿,依次剪完左侧羊毛。

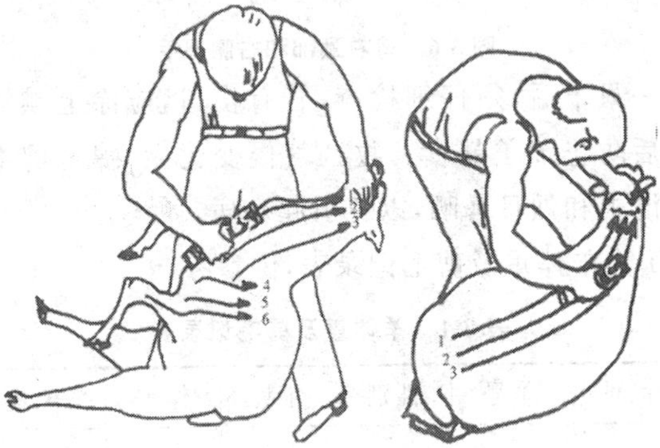

图 3-4 剪颈部和左前肢内外毛 图 3-5 剪背部和头部毛

(4)使羊右转,呈半右卧势,剪毛员用左手按住羊头,左腿放在羊前腿之前,右腿放在羊两后腿之后,使羊呈弓形,便于背部剪毛,剪过脊柱为止;剪完背部和头部,接着剪毛员握住羊耳朵,剪去前额和面部的羊毛(图 3-5)。

(5)剪毛员右腿移至羊背部,左腿同时向后移。左手握住羊颌,将羊头按在两膝上,剪去颈部右侧羊毛,再剪去右前腿外侧羊毛(图 3-6)。然后把羊头置于两腿之间,夹住羊脖子,依次剪去右侧部的羊毛。

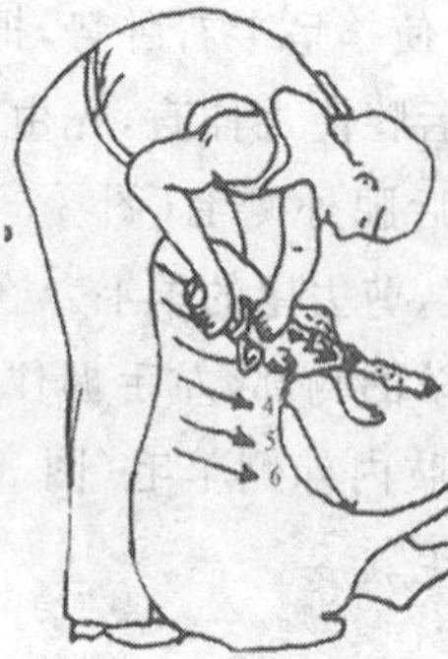

图 3-6　剪右颈部和右侧部毛

剪完一只羊后，须仔细检查，若有伤口，应涂上碘酒，以防感染。剪毛后防止绵羊暴食。牧区气候变化大，绵羊剪毛后，几天内应防止淋雨和烈日暴晒，以免引起疾病。

表 3-1 为羊体重及剪毛记录表，供参考。

表 3-1　羊体重及剪毛记录表

序号	品种	羊号	性别	年龄	体重	剪毛量	备注

称重日期________　　　称重员________　　　记录员________

5. 羊毛的分级和包装

剪毛员将剪下的毛被送到分级台，由技术人员称重记录后，再根据国家羊毛收购标准，包括文字标准和实物标准，进行羊毛分级。确定等级后，除去粪块毛和边坎毛，将套毛卷折好，可将各类羊毛分开，如白色的同质细毛、半细毛和异质毛，杂色的同质毛、异质毛和边坎毛等。

八、羊梳绒

梳绒又叫抓绒，指用特制的金属梳将山羊被毛内层的绒毛梳理下来的过程。梳绒技术是保证山羊绒质量和数量的关键。

(1)梳绒工具　目前我国推行手工梳绒，使用的金属梳有两种：一种为稀梳，由7～8根钢丝组成，钢丝间距为2.0～2.5 cm；另一种为密梳，由12～14根钢丝组成，钢丝间距为0.5～1.0 cm。

(2)梳绒时间　原则上根据当地气候而定，当发现山羊头部绒纤维开始脱离时，即为适宜的梳绒时间。

(3)梳绒方法　将山羊侧卧，梳左侧时拴住两右肢，梳右侧时拴住两左肢。先用稀梳顺毛方向梳去草屑、粪块等杂物，再用密梳从羊的股、腰、胸、肩到颈部，依次反复逆毛梳理，直至将脱离的绒纤维梳净为止。

表3-2为羊体重及抓绒记录表，供参考。

表3-2　羊体重及抓绒记录表

序号	品种	羊号	性别	年龄	体重	抓绒量	备注

称重日期________　　称重员________　　记录员________

【知识链接】

羊毛纤维的洗毛介绍

原毛纺织前需先初步加工成为洗净毛。加工时先通过选毛，使羊毛品质趋于均匀，再通过开毛打土，使羊毛蓬松，以提高洗涤效果。然后进行洗毛，使羊毛脂形成稳定的乳化液，污浊杂质则浮在洗涤液中，经处理后可获得含水约40%的湿毛，再予以烘干。

生产中多利用联合机连续操作一次获得洗净毛，最后进入毛条制造工序。

传统的羊毛洗涤，洗毛的温度 50～60℃碱性洗毛，用碳酸钠调 pH 8.5～9.5，添加净洗剂的方法，对羊毛损伤大，手感差。为了减少损伤后来采用中性洗毛法，温度没变只是 pH 6.0～7.0，选用的阴离子洗剂主要有：对甲氧基脂肪胺苯磺酸钠、烷基苯磺酸钠等，为了提高洗净效果，往往加入硫酸钠、氯化钠、多磷酸钠等电介质，电介质加多了会使羊毛弹性降低，影响质量。另一方面阴离子表面活性剂去油污效果差，需要复配非离子表面活性剂，这种阴、非离子复配型的表面活性剂所洗出的羊毛其白度、手感、松散度均属于中档水平。

尤其是大多数国产的羊毛，对付脂肪钙、镁皂即使添加了螯合剂 EDTA(乙二胺四乙酸)及其钠盐再加上非离子剂洗液也不能洗掉。原因是脂肪钙镁皂与螯合剂 EDTA 形成了凝胶粘在羊毛上。只有在使凝胶充分消散的情况下，才能彻底去除，一种方法是将 EDTA 钠盐改用胺盐，如 EDTA-MEA(单乙醇胺盐)、EDTA-EN(乙烯二胺盐)、EDTA-NTA(氮川三醋酸盐)。上述改良了的胺盐螯合剂虽然可有效消散脂肪钙镁皂凝胶，但是对洗涤作用没有协和增溶的作用，更不能有效去除洁净羊毛上黏土性污垢。这就需要设计一种对黏土污垢和脂肪钙、镁皂(通常钙：镁比为(4～3)：1 的复合皂)能协和增溶的表面活性剂复配处方。

带阳离子的聚胺与阴离子表面活性剂和超支链分散剂拼合下，可以不发生沉淀有效地增溶包埋黏土污垢和脂肪钙、镁皂而生成溶胶，并将溶胶从羊毛上剥离下来并稳定地悬浮在洗液中，不会再向羊毛上沉积，最终显著提高了洗净毛的白度和松散度。这 3 类表面活性剂如下。

（1）聚胺类增溶分散剂 是平均分子量为600的聚乙烯亚胺（PEI）接环氧乙烷，用甲基亚磺酸中和，再用硫酸二甲酯季铵化，最后用氯磺酸磺化的产品较为适合的亚胺是4，9-二氧-1，12-十二烷二胺（DODD）（EO）20和双（六亚甲基）三胺（EO）20季铵化后再硫酸化的产品。

（2）具有强力分散作用的表面活性剂 也是解决污垢二次沉淀羊毛纤维的方法，这些分散性能好的表面活性剂诸如C12～C14烷基醇（EO）1.0～7.0硫酸盐、异构醇C13的聚氧乙烯醚、高碳链的脂肪酸甲酯乙氧基化物FMEE及其衍生物等。这类助剂耐氧化、硬水、电介质，有好的润湿渗透和除油污效果，可与任何离子表面活性剂相溶，其疏水部分能对黏土性污垢及脂肪钙、镁皂有一定的锚固能力，并通过其亲水基因增溶分散于洗液中。

（3）超支链超级分散剂 超级分散剂种类很多。虽然超支链化的聚合物并不是每一个重复单位内都有支链连接上，但这种结构上的不规整，无碍于净洗去污的要求。

羊毛织物的清洗中，如若基质上含有茶渍或酒渍等相对较为亲水的污渍则在洗涤配方中还得加上如下的组合剂：用C8～C16（（EO）1.5～（EO）7.0）醋酸盐，其中尤以碳链短的去除污渍更为明显，如C9～C11（EO）2.5醋酸盐与N-甲基N十二烷基二缩乙二醇醋酸酯季铵盐氯化物，此双组分以1.0∶1.0的比例复配到整个净洗配方之中，此工艺目前处于国内外领先。

【提交作业】

结合实训的实际情况及学生个人的实习经历，写出牛、羊的编号、去除犊牛的副乳头、去角、断尾、肢蹄护理、去势、剪毛及梳绒的技术要点并写出实验报告和结果。

【任务评价】

评价内容		评价标准 分值	自我评分 分值×20%	小组评分 分值×30%	教师评分 分值×50%
专业知识与技能	牛羊的编号和标记	10			
	去除犊牛副乳头技术	10			
	牛羊去角	10			
	羊的断尾技术	10			
	牛羊修蹄	10			
	牛羊去势	10			
	羊的剪毛、梳绒	10			
学习情境考核	学习态度	10			
	团队合作精神	5			
	规范操作情况	5			
	交流及表达能力	5			
	组织与协调能力	5			
	总分	100			
	得分				
	小组评语				
	教师评语				

工作任务二 牛羊挤奶技术

【任务描述】

通过实训，让学生掌握不同的挤奶方法的特点、正确使用机器挤奶机、熟悉挤奶的操作规程。

【任务情境】

实地进行机器挤奶机的操作，以奶牛挤奶为例讲解手工挤奶的方法、机器挤奶的优缺点及挤奶的操作规程。

【任务实施】

一、挤奶卫生

(1)乳房剪毛　对产奶母牛乳房的长毛应经常剪短，以减少污染牛奶的机会。

(2)人员卫生　挤奶员要修剪指甲，穿戴好工作服、口罩和帽子，洗净双手，并备好挤奶桶、滤奶杯(盛放第1～2把奶)、乳房炎诊断盘及诊断液、药浴杯及药液、干净的手巾、温水、盛脏手巾的桶等。挤奶员要定期进行健康检查，凡患有传染病的人，不能参加养牛工作，更不应当进行挤奶。

(3)牛床卫生　轻轻地将躺卧的奶牛赶起，清除牛床上的垫草和粪便，拴牛尾，并清洗奶牛后躯。

(4)饲喂　牛进入牛舍前应将干草填入饲槽，进舍后和挤奶时，不喂扬尘干草。

(5)擦洗乳房　擦洗乳房之前，先要检查乳房是否有外伤和疾病。擦洗乳房要用50℃的温水，将毛巾蘸湿，带较多的水分迅速洗涤两次，先洗乳头孔和乳头，再洗涤乳房中沟自下而上擦洗整个乳房体，先从右侧、后侧和左侧3面洗涤，然后将毛巾拧干，再自上而下按摩，擦干乳房。每头牛一条专用毛巾，用后消毒。

(6)清洗挤奶用具　挤奶用具使用前先用冷水冲洗。用后先用冷水洗刷，然后用60～72℃热洗涤剂(5%热碱水)洗涤。再用接近沸点水冲洗，最后使桶底向上，控出桶中余水，晾干备用。

(7)验乳　挤奶时先将头一、二把奶挤入奶杯内扔掉，然后再向奶桶中挤奶。如挤出患有乳房炎和其他传染病的牛奶，不得装入健康牛的奶桶中。

二、乳房按摩与保健

1.挤奶前按摩

擦洗乳房之后，需要轻轻按摩乳房(图3-7)。方法是：挤奶员坐在牛的右侧，右手放在乳房前部，左手放在乳房后侧，均匀地抚揉整个乳房，将双手放在乳房下部轻抚乳房，然后挤奶。

2.挤奶后期按摩

挤奶后期也应按摩乳房，目的是刺激乳房，将乳房中的奶挤净。具体方法有：

(1)半侧乳房按摩法　挤奶员先将右手放在牛的右前乳房上侧，左手放在右后乳房上侧，然后由上而下，由外向内压迫滑下，如此动作2～3次，最后将乳汁挤净。

(2)1/4乳房按摩法　挤奶员将右手拇指放在前乳房右上方，其余四指放在前后乳房中沟外，从上向下按摩2～3次，然后将左手经过牛的两后腿中间，放在右后乳房上侧，右手放在右侧乳房中沟，双手由上向下按摩2～3次，左侧乳房按摩法与右侧相同。最后用一只手压迫乳房，另一只将奶挤净。

图3-7 按摩乳房

三、挤奶方法

目前我国除了大城市的国营奶牛场使用挤奶机以外，绝大多数小奶牛场和专业户仍以手工挤奶为主。

1. 手工挤奶

手工挤奶(图3-8)有压榨法(拳握法)(图3-9)和滑下法两种。

挤奶时挤奶人员在牛体右侧后1/3处，与牛体纵轴呈50°～60°的夹角坐在小板凳上，两腿夹紧奶桶，左膝在牛右后肢飞节前侧附近，两脚向侧方开张，即可开始挤奶。一般来说，交叉挤奶(先挤前右、后左乳头，再挤前左、后右乳头)效果较好，但直线挤奶(先挤两个后乳头，再挤前两个乳头)最为普遍。挤奶速度要随泌乳特性慢—快—慢进行，每分钟挤80～100次，每分钟挤出奶量1.0～1.5 kg，每次挤奶需要5～8 min。开始挤奶时精力要集中，以防牛体骚动造成奶桶打翻和伤人事故。当挤出奶量急骤减少时，用热水对整个乳房再次进行热敷按摩，使乳房各大小乳导管中的剩奶流向乳池。然后进行收奶操作直至完全挤净。

挤完奶后马上用消毒液浸泡乳头，浸乳头是降低乳房炎发病率的有效措施之一。

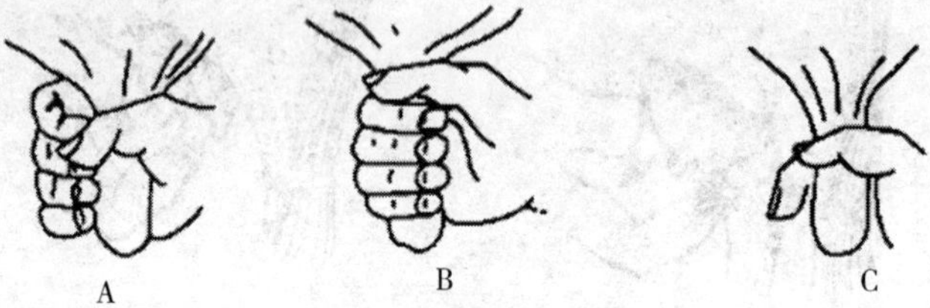

图 3-8　手工挤奶示意图

A. 正确的手法　B. 最理想的手法　C. 不正确手法

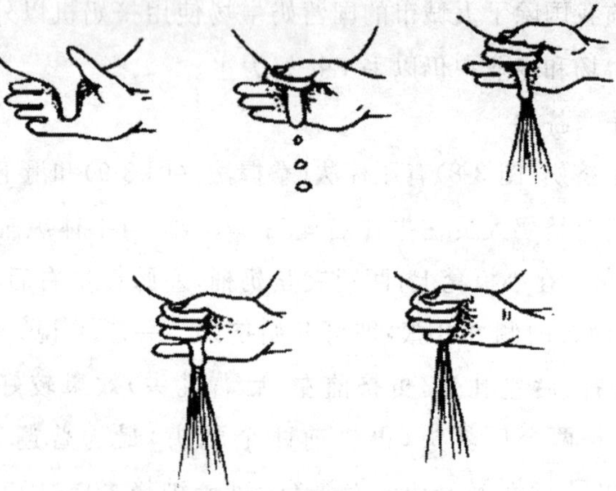

图 3-9　压榨法挤奶的手指动作模式图

2. 机器挤奶

(1)挤奶机的类型　包括提桶式、移动式(手推车式)、管道式、挤奶厅(台)。

提桶式挤奶机(图 3-10),适用于拴系式奶牛。每头牛的挤奶时间为 6～8 min,每人最多可管理 2 套挤奶器,每小时可挤15～20 头奶牛。

移动式(手推车式)(图 3-11)是专门为小型奶牛场设计的,每小时可挤 15 头奶牛,有 1～2 套挤奶杯组。

管道式挤奶机,真空装置和牛奶输送管道固定在牛舍内,挤奶器无挤奶桶,挤下的牛奶可直接通过牛奶计量器和牛奶管道进入自动制冷罐,不与外界空气接触,并可配置自动化的洗涤装置,每次挤奶后整个挤奶系统自动进行清洗消毒,使用管道式挤奶机每人可管理 2～3 套挤奶杯组,若每天 3 次挤奶,每人可挤 35～45 头奶牛(图 3-12、图 3-13)。

挤奶厅(台)也属于管道式中的一种,其特点是真空装置和挤奶器都固定在专用的挤奶厅内,奶牛通过专用的通道进入挤奶厅内挤奶,挤下的牛奶通过牛奶管道输送到自动制冷罐冷却贮存。挤奶厅已经成为散放牛舍的主要设备,分固定式和转动式两种挤奶台。固定式有并列式、斜列式、串联式和菱形挤奶台(图 3-15 至图 3-18);转动式有串联式、鱼骨式和放射形几种类型(图 3-19、图 3-20)。挤奶台为固定在每一个挤奶栏上的挤奶机、牛奶计量器、牛奶输送管道、洗涤设备、精料饲喂装备。此外,还配置有乳牛乳房的自动清洗装置和自动摘卸乳杯的装置。据报道,在专门的挤奶厅内挤奶,每人可管理 20 套挤奶器,每工时可挤 70～80 头奶牛。

图 3-10　提桶式挤奶机

图 3-11　移动式挤奶机

图 3-12　套奶杯

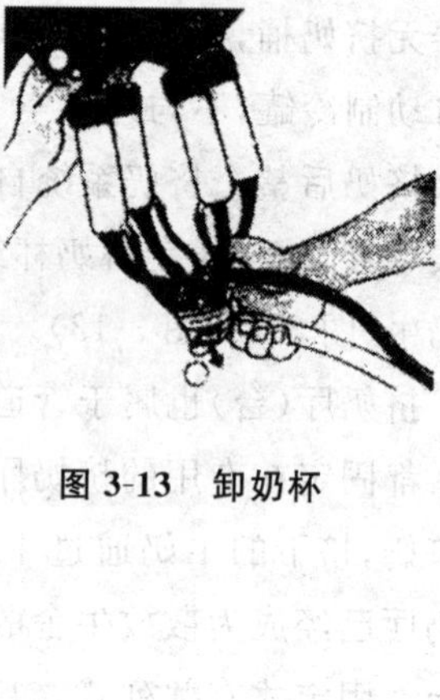

图 3-13　卸奶杯

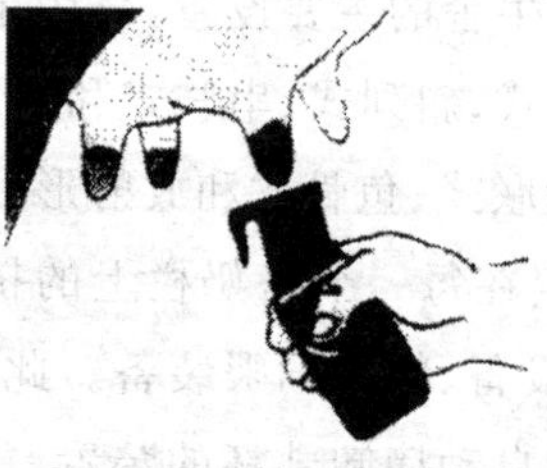

图 3-14　药浴乳

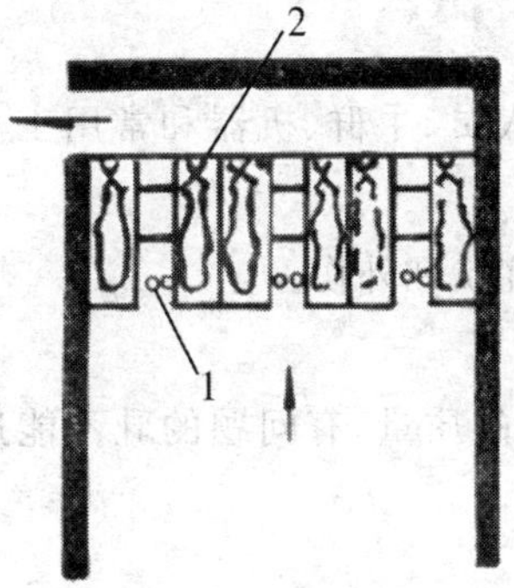

图 3-15　并列式挤奶台

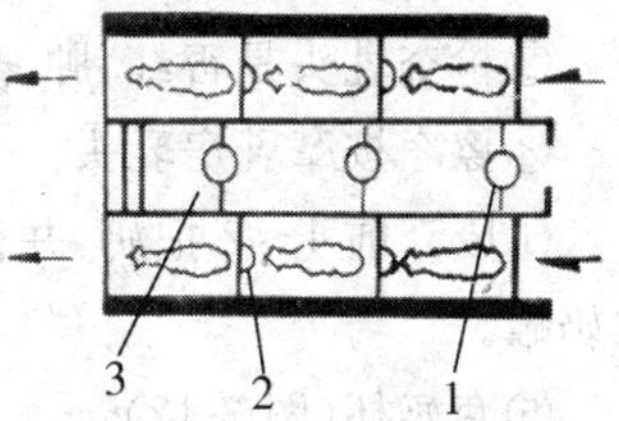

图 3-16　串联式挤奶台

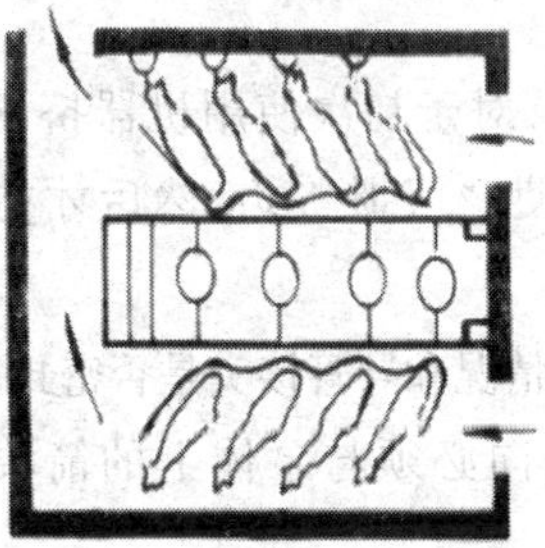

图 3-17　斜列式挤奶台

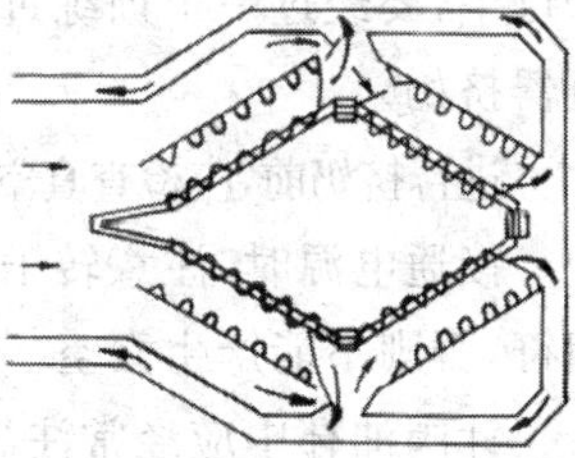

图 3-18　菱形鱼骨式挤奶台

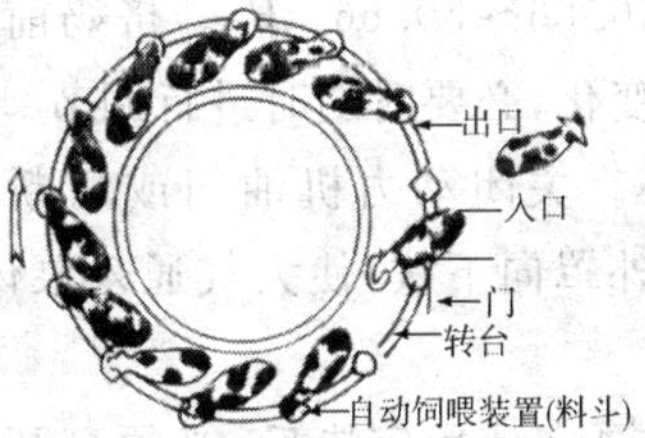

图 3-19　转盘串联式挤奶台

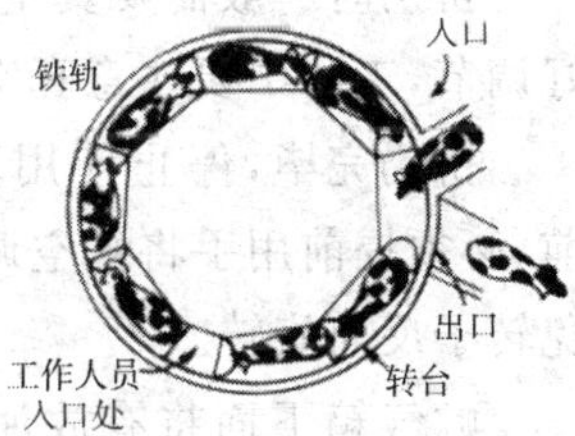

图 3-20　转盘鱼骨式挤奶台

(2)机器挤奶的操作程序

①挤奶前准备工作:包括工作人员、牛群、机器和常用工具的准备。

②检查乳头是否红、肿、热、痛症状和外伤。

③擦净按摩乳房乳头。

④废弃前1～2把奶,并检查奶的质量,有问题的乳不能进入贮奶罐。

⑤套奶杯(图3-12)。

⑥进行挤奶。

⑦卸奶杯(图3-13)。

⑧药浴乳(图3-14)。

(2) 挤奶机使用时的注意事项　对于初次使用机器挤奶的初产母牛,要经过一个训练过程,首先使之习惯挤奶,然后才能使用机器挤奶。

进行挤奶前,应检查真空泵的工作情况和导管接头是否密封良好。

接通电源时,注意转子的旋转方向必须与泵体上的箭头指向相符,否则不能产生真空。

针阀油杯中应经常注满机油,按每分钟两滴油的供油速度调节供油量,真空泵开始工作时可从油杯玻璃视孔中观察滴油情况,要严防因缺油而损坏机件。

挤奶时一般需要真空度为46.66～50.66 kPa。挤奶前应做好调节,工作中要注意真空度的变化,必要时随时进行调节。

挤奶完毕,停止使用真空泵。关闭动力机油门或切断电源前,必须提前用手将真空调节器外罩向下按,使大气通入泵体,避免转子反向旋转。

贮气箱下面将有放油开关,泵在使用完毕后,必须打开油开关,但使用前要关闭。

四、挤奶次数与间隔

每次挤奶要将乳完全挤净，挤奶间隔应尽量均衡并且不影响日常工作，如3次挤奶中可采用白天2次挤奶间隔7 h，另一次间隔10 h的挤奶，如2次挤奶以早晚各一次较为理想。而且一旦建立起来的挤奶时间次序不可轻易改变，无规律的挤奶对生产是十分不利的。

一般来说，挤奶次数增加会增加商品奶量，但是挤奶次数的增加也会带来工作量的增加。一般奶牛日挤奶3次，但日产奶10～15 kg以下的奶牛日挤2次便可。

奶羊每天挤奶的次数依产奶量而定，一般每日2次。日产奶5 kg左右的羊，每日3次。每次挤奶的时间间隔应相等。

【知识链接】

挤奶时为什么要弃掉前三把奶?

奶牛喜欢卧地反刍和休息，接触地面（特别是当地面较污浊时）的奶牛乳房容易沾有大量细菌。从乳头开始到乳房内部有一个乳导管，细菌容易进入乳导管，并在此生长繁殖。因此，头三把奶的含菌量高，如不弃掉，会导致细菌数偏高，影响原料奶的质量，因此前三把奶应废弃。

不要将前三把奶随手挤在地面上，要用专门容器收集。可以避免废弃在地面上污染环境，导致病原微生物传播感染。还便于观察牛奶中是否有凝块、絮状或水样奶，以及时发现临床乳房炎，做到及时治疗并防止乳房炎奶混入正常乳中。

【提交作业】

结合实训的实际情况及学生个人的实习经历，写出奶牛场挤奶操作的准备工作及基本程序、机器挤奶机的使用程序、预防乳房炎的措施，并写出实验报告和结果。

【任务评价】

评价内容		评价标准 分值	自我评分 分值×20%	小组评分 分值×30%	教师评分 分值×50%
专业知识与技能	牛羊挤奶的准备工作	10			
	手工挤奶的正确操作程序	10			
	压榨法和滑下法挤奶	10			
	机器挤奶的正确操作程序	10			
	乳房按摩技术	10			
	挤奶机的正确使用及维护	10			
	乳头的药浴	10			
学习情境考核	学习态度	10			
	团队合作精神	5			
	规范操作情况	5			
	交流及表达能力	5			
	组织与协调能力	5			
	总分	100			
	得分				
	小组评语				
	教师评语				

项目四

牛羊繁育技术

岗位能力

能确定牛羊的初配年龄；能识别牛羊发情症状，并能鉴定出发情的母牛、母羊；能对发情母牛、母羊进行人工授精操作；能对妊娠的母牛母羊做出早期妊娠诊断。

实训目标

通过学习牛羊的繁育技术，熟悉牛羊的发情规律及发情特点，了解牛羊的初配年龄及配种方法，掌握牛羊发情鉴定方法，能对发情母牛母羊进行人工授精，并能够对母牛母羊进行早期妊娠诊断，对未怀孕母畜及时补配，在牛羊的饲养过程中，做好发情鉴定，及时配种，减少空怀，可以提高牛羊的繁殖率，提高经济效益。通过实训培养学生实践动手能力，认真的工作态度。为以后担任牛场的繁殖工作打下基础。

工作任务一　牛羊的发情鉴定、人工授精和妊娠诊断

【任务描述】

推进牛、羊产业发展，良种繁育是关键环节之一，繁育是增加牛、羊数量和提高群体质量的必要手段，是提高牛、羊生产性能的重要基础条件，本任务是使学生清楚牛繁殖规律，掌握牛羊发情鉴定方法、人工授精技术和妊娠诊断操作，以便在生产中更好地遵循其生理特点和规律变化，有目的地开展科学饲养、管理工作，从而充分发挥牛羊的生产性能。

【任务情境】

奶牛进入成年阶段，一生循环往复重复着配种—妊娠—分娩—泌乳—干乳—再分娩—再泌乳的循环阶段。教师带领学生到实训基地鉴定出发情的母牛、母羊并适时开展配种，及时做出早期妊娠诊断。

【任务实施】

一、牛羊发情鉴定

1. 外部观察法

根据牛、羊的精神状态，母牛、羊爬跨行为或接受爬跨反应等来确定配种时间（表 4-1）。

表 4-1 牛羊发情期各阶段观察项目及鉴定方法

观察内容	发情期各阶段		
	发情初期	发情盛期	发情末期
爬跨行为	母牛发情时常有公牛或其他母牛跟随爬跨，并且爬跨其他母牛，初期时并不接受爬跨；绵羊发情时外部表现不明显，山羊较明显，表现伸着脖子，凝视公羊，身体贴近公羊	发情的母牛、羊表现接受爬跨，被爬跨时站立不动，两后肢叉开举尾	母畜拒绝公畜接近和爬跨，但有时也爬跨其他牛、羊。在末期时可观察到母畜尾根和尾骨被摩擦过，在身体背部两侧有被爬跨的印迹，被毛蓬乱，证明已经接受过爬跨
外阴部变化	外阴部充血，微肿。阴道间断地排出黏液，透明、量少而稀薄	阴户肿胀。阴道黏液多而浓稠，呈牵丝(纤缕)状	阴户肿胀减退，阴道黏液混浊，呈乳白色，量少黏稠，有干燥黏液附于尾部
行为变化	食欲不佳，精神不安，左顾右盼，常站立不卧，有几声鸣叫	食欲差，精神不安，走动频繁，不停鸣叫，交配欲强烈	母畜逐渐转入安静

2. 阴道检查法

(1)检查方法　先将母畜牵入保定架内，并用 1% 的来苏儿或 0.2% 的新洁尔灭消毒母畜的外阴部；在发情鉴定前，将开膛器洗净消毒，最后涂上润滑剂；检查时鉴定人员用左手拇指和食指拨开母牛或母羊的两片阴唇，将开膣器轻轻插入阴道，直至顶端，并横转张开开膣器。操作时要小心谨慎,防止造成阴道黏膜损伤。同时注意阻力,在发情盛期插入开膣器时阻力较小,容易插入。母畜不发情,阻力较大,如果母畜已妊娠,有黏稠阻力感,开膣器插入困难,阻力明显。

(2)发情母牛、母羊阴道的主要变化 见表 4-2。

表 4-2 发情母牛、母羊阴道的主要变化

观察内容	发情期各阶段		
	发情初期	发情盛期	发情末期
黏液色泽	阴道黏膜呈淡粉红色,无光泽	生殖道充血、肿胀,黏膜颜色较深呈潮红色,有光泽和滑润感	阴道黏液色泽变淡
黏液性状	黏液量少,稀薄呈水样	黏液浓稠,呈无色透明状	黏液量少较黏稠,呈混浊状态
子宫颈口开张情况	子宫颈口稍有开张	子宫颈口充血、肿胀、松弛、开张。适合输精	子宫颈口收缩闭合

3. 直肠检查法

在对牛进行直肠检查时,检查者将手伸进直肠,然后寻找卵巢,触摸卵泡的变化情况,先将手伸入骨盆腔上方位置,将手掌伸平,掌心向下,手指轻轻左右抚摸,在骨盆腔底正中可以触摸到子宫颈,然后顺着子宫颈向前移动,可以触摸到较软的子宫体和角间沟,在稍向前子宫角间沟的两旁各有一条向前向下弯曲的管状物即左右两侧子宫角。沿着子宫角大弯至子宫角尖端外侧即可摸到卵巢。可以触摸卵巢的大小、形状、弹性和卵泡的发育情况。摸完一侧卵巢后,再将手移到另一侧卵巢,以同样方法触摸。在操作中发现母牛努责或过于扩张,应停止检查,注意动作要轻,防止捏碎卵泡。

根据卵泡发育情况，可将母牛卵泡发育分为四个时期。

第一期（卵泡出现期）：卵巢体积稍为增大，卵泡的直径为0.5～0.75 cm，触之能感觉到卵巢上有一个软化点。这一期持续约10 h。母牛开始出现发情的外表征状。

第二期（卵泡发育期）：卵泡直径1～1.5 cm，呈小球状波动明显。这一期持续10～12 h。

第三期（卵泡成熟期）：卵泡体积不再增大，但卵泡壁变薄，紧张性增强，有一触即破的感觉。这一期持续6～8 h。此期母牛的发情症状明显。

第四期（排卵期）：母牛性兴奋消失后10～15 h卵泡开始破裂，泡液流失，泡壁变为松软，呈一凹陷。排卵后6～8 h红体形成，触感柔软，凹陷不明显。直径0.5～0.8 cm，这时母牛即进入休情期。

4. 试情法

此法适用于群牧的繁殖母牛群和母羊群，试情公畜与母畜比例以1∶(45～50)为宜，这种方法可以节省人力，提高发情鉴定的效果。选择健康，性欲旺盛的壮龄公畜，将其输精管结扎或腹下带兜布，日间放在畜群中试情，夜间公母分开，根据公畜追逐爬跨情况以及母畜接受爬跨的程度来判断母畜的发情情况。正处于发情期的母畜见试情公畜入群后，会主动接近公畜，弓腰举尾，后肢开张，频频排尿，发现有站立不动并接受公畜爬跨的母畜，表明已发情，准备配种。如果未发情或发情结束后则表现远离试情公畜。

二、牛羊的人工授精

1. 输精前的准备

首先，要将输精所用的器械彻底洗净后严格消毒，再用稀释液冲洗后使用。输精器每个家畜每次 1 支，不得重复使用，当输精器不足时，需消毒处理后方可使用。将待配母畜牵入保定栏内保定，外阴部先用清水洗净污物，接着用 2%的来苏儿或 0.1%的新洁尔灭消毒外阴部及周围，然后用生理盐水或凉开水冲洗，最后用消毒抹布擦干。

在准备精液时，常温保存的精液需轻轻振荡后升温至 35℃，镜检精子活力不低于 0.6；低温保存的精液升温后活力应在 0.5 以上；冷冻精液解冻后活力不低于 0.3。

2. 输精过程与方法

目前，牛的输精多采用直肠把握输精法(图 4-1)，由于这一方法要求很高，输精人员必须熟练地掌握输精、发情鉴定、妊娠诊断等技术，并能够严格遵守操作规程且具有严密消毒的科学态度。这种方法的优点是受胎率高，能够了解子宫中的情况，节省精液。输精时，一只手伸入直肠内把握住子宫颈，另一只手持输精器，先斜上方伸入阴道内进入 5～10 cm 后再水平插入到子宫颈口，然后把输精器伸入到子宫颈的 3～5 个皱褶处或子宫体内，慢慢输入精液。

羊输精一般采用子宫颈输精法。输精时，将开膣器插入羊的阴道并小心转动，来寻找子宫颈的位置，找到后，将输精器插入子宫颈内 0.5～1.0 cm，用大拇指轻压活塞，注入定量的精液。缓慢取出输精器，按压母羊的背部，防止精液倒流，造成输精的失败。

总之，输精的关键是严格遵守操作规程，操作要细致，输精后的母畜要登记，按输精先后组群，并加强饲养管理，为增膘保胎创造条件。

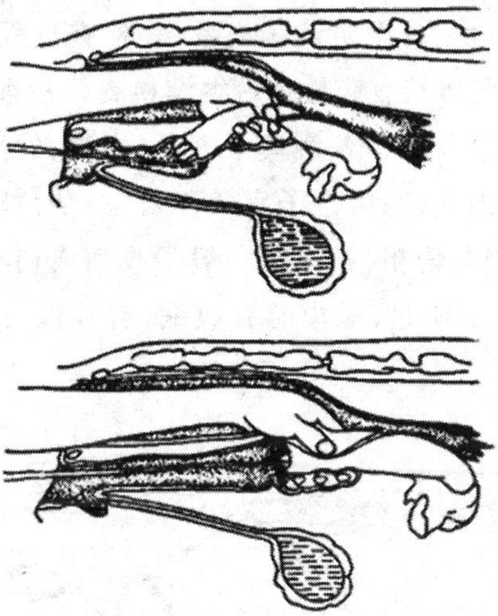

图 4-1 牛直肠把握输精示意图

三、牛的妊娠诊断

1. 外部观察法

牛妊娠后，发情周期停止，食欲增强，营养状况改善，毛色光亮，性情变得较为温顺，在妊娠后 5 个月左右，牛腹围增大，乳房增大，这种方法不易早期确切诊断，还应结合其他方法来确定。

2. 阴道检查法

阴道检查法主要是通过观察母牛阴道黏膜的色泽、黏液状况和子宫颈口形状进行妊娠诊断。在配种后的 30 d 检查，在母牛阴道内插入开腟器时有明显的阻力；妊娠后阴道黏膜变得苍白、干燥而且无光泽；阴道黏液量多、白色；子宫位置向前移，子宫颈口偏向一侧，子宫颈收缩紧闭，并有胶状黏液堵塞在子宫颈口。

3. 直肠检查法

配种 30 d 后即可进行检查，检查人员剪短、磨平指甲，将手臂深入直肠内进行检查，严防动作粗暴，在检查过程中直肠往往发生收缩，努责时需等待直肠松弛后继续检查。检查顺序首先是摸到子宫颈，然后沿着子宫颈触摸子宫角、卵巢、然后是子宫动脉。子宫颈紧缩，质地变硬；两个子宫角不对称，孕角略大于空角，孕侧子宫角基部稍有增粗，触摸时一般不收缩或稍有收缩，内有波动感；孕角反应仍明显，触摸时有收缩，有弹性，角间沟明显（图 4-2）。

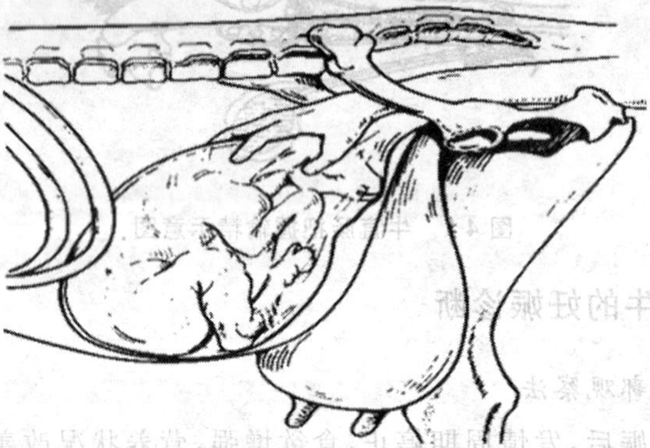

图 4-2 牛的直肠检查法

4. 激素诊断法

在配种后 18～20 d 肌肉注射 10 mL 乙烯雌酚，注射后 5 d 内不发情为妊娠，其根据是妊娠后母牛体内孕酮含量增多，可以对抗少量外源性雌激素，使之不发生反应，如果没有配上种，正常情况下 21 d 就应该发情了，此时又注入雌激素，会有明显的发情表现。现在有些牧场也采用试剂盒诊断母牛晨尿或者血液中的孕酮含量以确定其是否妊娠。其缺点是成本较高。

5. 巩膜血管诊断法

母牛配种后 20 d，将牛保定，可以观察到瞳孔正上方巩膜表面有 1～2 条呈直线状态(少数为弯曲)的纵向血管，颜色深红、轮廓清晰，比正常血管要粗，直径约为 1 mm，同时母牛也无发情表现，判断为妊娠。如果没有妊娠，巩膜表面无明显血管暴露，血管细、颜色淡。

6. 超声波诊断法

超声波诊断法是利用超声波的物理特性和动物体组织结构声学特点密切结合的一种物理学检验方法。A 型超声波在脏器组织传播时，会在脏器中发出强烈的反射从而产生一定的波形，形成正常脏器的回声图。由于子宫为有腔器官，超声波从进子宫到出子宫，先后都会产生特有的反射波形。当母畜怀孕时，超声波进入子宫，经过子宫壁、胎水、胎儿、胎水、子宫壁的顺序，最终反射出子宫，结果依次产生了与未孕时不同的 7 个特有的波形，从而来判断母畜是否妊娠。B 型超声波可以直接观察到胚胎形状成像，最直观的鉴定出母牛或者母羊的妊娠情况是现代牛羊养殖场的最常用方法。

四、羊的妊娠诊断

1. 外部观察法

母羊受胎后，发情停止，性情变得较为温顺，食欲增强，毛色光亮润泽，妊娠 3～4 个月腹围增大。但仅靠外部表现不易在早期确切诊断妊娠，还应结合其他方法来确定。因此常作为妊娠诊断的辅助方法。

2. 腹部触诊法

触诊法是待母羊自然站立，检查者可以面向羊的后躯，两腿夹住羊的颈部或前驱，两手以抬抱式在羊的腹壁上前后滑动触摸，检查子宫内有无硬块，如能摸到胎儿硬块或黄豆粒大小的胎盘子叶，即为妊娠(图 4-3)。

图 4-3　羊的腹壁触诊

3. 阴道检查法

(1)阴道黏膜　母羊妊娠后，阴道黏膜由空怀时的淡粉红色变为苍白色，但用开膣器打开阴道后，很短时间内即由白色又变成粉红色。用阴道开张器打开阴道时有明显的阻力。空怀母羊黏膜始终为粉红色。

(2)阴道黏液　妊娠母羊阴道黏液呈透明状，而且量很少，因此也很浓稠，能在手指间牵成线。而未妊娠母羊黏液多、稀薄呈灰白色。

(3)子宫颈 妊娠母羊子宫颈紧闭,色泽苍白,并有浆糊状的黏块堵塞在子宫颈口,俗称为“子宫栓”。

(4)超声波诊断法 用超声波的反射,对羊进行妊娠检查,检查方法是将待查母羊保定后,在腹下乳房前毛稀少的地方涂上凡士林或石蜡油等耦合剂,将超声波探测仪的探头对着骨盆入口方向探查。根据超声波显示的图像判定被查母羊是否妊娠。

【知识链接】

牛羊的发情与发情周期

1.发情

发情是指母牛、母羊发育到一定年龄时所表现的一种周期性的性行为表现。处于发情阶段的母畜会表现出一系列发情症状。

(1)卵巢的变化 母畜卵泡发育加快、卵泡内膜增厚、随着母畜开始发情,卵泡开始增大,卵泡液不断增多使卵泡体积不断增大,卵泡壁变薄并突出于卵巢表面,最后成熟排卵。

(2)生殖道变化 在发情的过程中,由于雌激素的作用,母牛、羊外阴红肿、子宫颈开张、腺体分泌增加;从子宫颈流出的黏液量由多到少并变稀,适合精子的通过和运行,有利于受胎。

(3)行为的变化 在发情时,由于雌激素增多,刺激神经系统性中枢神经,表现为兴奋不安、对外界变化十分敏感,常鸣叫、后肢开张、频频排尿、食欲减退、喜欢接近公畜,爬跨其他牛、羊或接受其他牛、羊爬跨的一系列行为变化。

发情是一个复杂的生理变化,包括许多生理调节环节,发情不仅受生殖激素的影响,同时又受饲养、光照、气候等影响。

2.发情周期

牛、羊在初情期后，生殖器官发生一系列的周期性变化，这种变化周而复始，直到性机能活动停止为止，这种周期性的变化叫发情周期。发情周期的计算是从一次发情开始到下次发情开始，或者从一次发情结束到下次发情结束所间隔的时间为一个发情周期。

在牛、羊发情周期中，根据其发情的生理变化特点，可将发情周期分为发情前期、发情期、发情后期和休情期 4 个阶段。

(1)发情前期　在这个时期，卵巢上的功能黄体已经退化，卵巢上新的卵泡开始生长发育，卵巢略有增大，生殖器官充血，子宫颈口稍开张，腺体活动逐渐增加，母畜尚无性欲表现，无明显的外部发情症状。

(2)发情期　在这期间，母畜有明显的外部表现，愿意接受公畜的爬跨，卵巢上卵泡的发育迅速，雌激素分泌显著增加，子宫颈充血、子宫颈口开张、腺体分泌增多，有透明而稀薄的黏液排出。当卵巢质地变软，卵泡壁变薄，波动明显多数在发情期末排卵。

(3)发情后期　到了这个时期，母畜的发情表现消失，也变得安静，外阴部肿胀、充血逐渐消退，子宫颈收缩，阴道黏液变稠，腺体分泌减少，子宫内膜逐渐增厚，阴道黏膜增生。卵泡在破裂后开始形成黄体。

(4)休情期　在休情期，母畜的性欲已经完全停止，精神状态恢复正常，卵巢内黄体形成，母畜生殖器官处于相对稳定状态。

母牛、羊在发情配种后，如未妊娠，则休情期持续一段时间后，再进入发情前期。如果妊娠，则不再发情。

母畜在发情周期中，卵巢上的卵泡和黄体交替出现，形成一个发情周期，因此可将发情周期分为卵泡期和黄体期。卵泡期是指黄体开始退化，卵泡开始发育到排卵为止的阶段，包括发情前期和发情期。黄体期是指卵泡破裂排卵后形成黄体，一直到黄体开始退化，再次出现卵泡发育为止，实际上包括发情后期和休情期。

3. 牛、羊发情周期的特点

(1)发情周期　无论黄牛、乳牛、牦牛发情周期一般为 21(18～24)d，青年母牛较成年母牛短，一般为 20 d；母水牛一般为 18～30 d，最长可达 90 d；绵羊平均为 17(14～20)d；山羊平均为 21(18～23)d。

(2)发情期　也叫发情持续期，指发情症状出现到结束阶段。奶牛发情持续时间短，平均为 18(10～24)h；牦牛为 28～44 h；水牛大型品种为 25～72 h，中型品种为 72 h，小型品种为 43 h。绵羊为 24～36 h，山羊为 26～42 h，山羊较绵羊发情明显。

(3)排卵时间　母牛一般发情结束后 10～15 h 排卵，单侧排卵占 90%，右侧排卵占 55%～60%。牛在一个发情周期中通常只有一个卵泡发育排卵，排双卵率为 0.5%～2%。绵羊在发情后 20～30 h 后排卵，山羊是 35～40 h。羊的排卵数目与品种有关，绵羊每次排一个卵子，有的品种排 2～3 个卵子；胡羊和小尾寒羊可排 3～5 个卵子；山羊一般排 1～3 个卵子。羊多是右侧卵巢排卵，约占排卵率的 55%～57%。

(4)发情后流血现象　大多母牛在排卵后子宫流血，这是正常的生理现象，主要因为发情时，雌激素的刺激，造成子宫内膜微血管破裂的结果。

【提交作业】

记录直肠把握法输精流程注意事项；母牛妊娠诊断结果；结合实训过程，写出各实训内容的实训体会，体会中应体现实训中出现的问题及处置方案。

【任务评价】

评价内容		评价标准 分值	自我评分 分值×20%	小组评分 分值×30%	教师评分 分值×50%
专业知识与技能	家畜外阴清洗消毒	5			
	对开膣器清洗、消毒、涂润滑剂	5			
	用开膣器打开阴道观察阴道	5			
	应用直肠检查的方法时注意事项	10			
	描述发情母牛在直肠检查所触摸到的卵巢变化特征	10			
	采精及精液的检查和稀释	10			
	输精	15			
	用超声波探测法进行绵羊早期妊娠诊断	10			

续表

评价内容		评价标准 分值	自我评分 分值×20%	小组评分 分值×30%	教师评分 分值×50%
学习情境考核	学习态度	10			
	团队合作精神	5			
	规范操作情况	5			
	交流及表达能力	5			
	组织与协调能力	5			
	总分	100			
	得分				
	小组评语				
	教师评语				

工作任务二　牛羊系谱编制与审查

【任务描述】

本任务针对牛场或羊场进行调查，主要通过了解牛或羊的个体档案相关信息，寻找父母代、子代等亲系关系，运用横式（或竖式）系谱、结构式系谱的编制方法，编制牛群或羊群系谱，明晰其血缘关系，并运用系谱审查和后裔测验的方法来审查牛或羊系谱，了解个体间的血缘关系、判断的育种价值，为其选种选配的提供重要参考。

【任务情境】

教师带领学生到养牛（或羊）场，针对牛（或羊）个体的出生日期、名字、各性状的育种值等相关信息进行调查，并针对疑问向场长请教，并做好记录，学生各小组根据了解的信息，编制牛(或羊)系谱，各小组将其进行比较，提出疑问，教师再次带领学生到养牛(或羊)场，各小组向场长提出疑问，审查各自编制牛(或羊)系谱，并进行后裔测验。

【任务实施】

一、编制系谱

1. 横式系谱

它是目前系谱卡的主要形式。它是按子代在左，亲代在右，公畜在上，母畜在下的格式来填写的。系谱正中可画一横线，上半部为父系祖先，下半部为母系祖先(图 4-4)。

- 本身
  - 父
    - 父父
      - 父父父
      - 父父母
    - 父母
      - 父母父
      - 父母母
  - 母
    - 母父
      - 母父父
      - 母父母
    - 母母
      - 母母父
      - 母母母

图 4-4　横式系谱

根据资料 1 编制 10876 和 11452 公牛的横式系谱。

2. 竖式系谱

在系谱的右侧登记公畜，左侧登记母畜，上方登记后代，下方登记祖先(图 4-5)。

本 身

母				父			
母母		母父		父母		父父	
母母母	母母父	母父母	母父父	父母母	父母父	父父母	父父父

图 4-5 竖式系谱

资料 1:某种公牛站两头中国黑白花公牛(10761 和 10442)的资料

10876 北京黑白花 85.2.18 出生(42.5 kg)

外貌评分:91(3 岁) 86(5 岁)

5 岁体尺:162(体高)—222(体斜长)—250(胸围)—25(管围)—1 250(体重)

父:1983 母:3837 77—Ⅰ—6 154.5— 3.63%

80—Ⅱ—8 281.3— 3.45%

81—Ⅲ—7 687.3— 3.82%

83—Ⅳ—8 799.2 —3.60%

父父:406 父母:2155

母父:37 母母:241

父父父:18 父父母:43 73—Ⅲ—1 4191— 3.68%

父母父:72 父母母:78 73—Ⅱ—8 315.3— 3.81%

75—Ⅲ—7 191.5— 3.32%

76—Ⅳ—7 380.6—3.65%

母父父:512 母父母:781

母母父:481 母母母:2112 73—Ⅲ—7 355.3— 3.76%

74—Ⅳ—7 830.5 —3.42%

11542 北京黑白花 85.1.15 出生(40.8 kg)

外貌评分:89(3 岁)　86 特(5 岁)

5 岁体尺:154(体重)—214(体斜长)—243(胸围)—24(管围)—1 140(体重)

父:7055　　母:3036　　76—Ⅰ—5 542.8— 3.85%

79—Ⅱ—7 659.4— 3.64%

80—Ⅲ—8 075.5— 3.37%

父父:1656　父母:3849

母父:17　母父母:25

母母:637　父父父:70

父父母:46　　63—Ⅲ—8964.7— 3.70%

父母父:406　父母母:3422　78—Ⅱ—7 135.5— 3.57%

79—Ⅲ—8 007.5— 3.87%

80—Ⅳ—7 531.5— 3.74%

母父父:485　母父母:25

母母父:76　母母母:31　73—Ⅱ—7 806.5—3.54%

74—Ⅲ—6 175.6—3.62%

根据资料 1 编制 10876 和 11452 公牛的竖式系谱。

3.结构式系谱

结构式系谱比较简单,无须注明各项内容,只要能表明系谱中的亲缘关系即可。其编制方法如下:

(1)公畜用“□”表示,母畜用“○”表示。

(2)绘图前,先将出现次数最多的共同祖先找出,放在一个适当位置上,以免线条过多交叉。

(3)同代祖先一般放在一个水平线上。

(4)同一头家畜,不论它在系谱中出现多少次,只能占据一个位置。

资料 2:35 号公牛,生于 1987 年,出生重 40 kg

母:7248 号,I—6042	父:15 号,外形特级
外祖父:8 号	祖父:8 号
外祖母:6612,Ⅲ—5800	祖母:6756 号,I—6000
外祖母的父亲:3 号	祖父的父亲:3 号
	祖父的母亲:5802 号
	祖母的母亲:6115 号

根据资料 2 编制 35 号公牛的结构式系谱。

4. 箭头式系谱

箭头式系谱是专门用作评定近交程度的一种系谱形式,凡与此无关的个体都不必画出。根据资料 2 编制 35 号公牛的结构式系谱。

5. 畜群系谱

畜群系谱是根据整个畜群的血统关系,按交叉排列的方法编制起来。利用它,可迅速查明畜群的血统关系,有助于我们掌握畜群和组织育种工作。

二、系谱审查

(1)审查系谱时,重点应放在亲代的比较上,然后是祖代、曾祖代。因为祖代以上的祖先对个体的影响逐渐减少,几代前出现过杰出祖先的系谱,还不如亲代及当代都是中上等级的可取。

(2)凡在系谱中母亲的生产力大大超过畜群平均数,父亲经后裔测验证明为优良或公畜同胞也都是高产的,这样的系谱应给以较高的评价。

(3)不论是何种生产性能,都有年龄性的变化,比较中应考虑年龄和胎次是否相同,不同则应做必要的校正。

(4)注意系谱各性状的遗传稳定程度,如果各祖代的性能比较整齐,且呈上升趋势,则可以认为该系谱较好。相反,性能变化范围较大,且呈下降趋势,这样即使有个别祖先高产,也不能算作好系谱。

(5)注意各代祖先在外形上有无遗传上的缺陷。

(6)在研究祖先性状的表现时,最好能联系当时的饲养管理条件来考虑。

(7)对一些系谱不明、血统不清楚的公畜,即使个体表现不错,开始也应该控制使用,直到取得后裔证明后,才可能确定对其是否扩大使用。

(8)系谱审查的准确性较差,因此不能单凭审查结果选择种畜,应结合性能测定、同胞测定或后裔测定来进行最终评定。

三、后裔测验

1.母女对比法

通过后裔与其母亲成绩的比较,了解父亲在其中所起的作用。

当母女对数较多时,可用垂直线法做出图解。其方法是:首先绘出方格表,以横坐标表示母女对数,以纵坐标表示母女产量,以横虚线表示畜群平均产量。绘图时,每一对母女标在同一垂直线上,母亲,女儿产量用箭头表示;高于母亲者箭头向上,低于母亲者箭头向下。最后根据多数箭头的方向,判断该公畜种用价值的大小。

2. 牛指数法

该指数是假定公牛和母牛对女儿产乳量具有同等的遗传影响，因此女儿的产乳量就等于其父母产乳量的平均数。

$$D=1/2(F+M)$$

$$\text{所以 } F=2D-M$$

3. 同期同龄女儿比较法

它是将不同公畜的同龄后代的生产成绩进行比较，以鉴定公畜的种用价值。此法简便易行，鉴定结果可靠，但一定要在规模较大的牧场才有条件实施。

4. 后裔与畜群（或品种）平均指标的比较

利用这种方法，可大体看出畜群的发展方向。如果该公畜的后裔成绩，显著高于畜群平均指标，则该公畜对畜群起到改良作用；反之，则为恶化者。此法在一个畜群来源不明，生产性能不详的新建牧场中用之较为方便，对提高畜群品质有一定的实际效果。

后裔测验时，须注意：

(1)选配的与配母畜应尽可能相同，以缩小因母畜不同所造成的差异。

(2)饲养管理条件在后裔间及后裔与亲代之间应尽可能一致，以消除因生活条件不同所造成的差异。

(3)一定的后裔数量。牛的后裔测验需要 6～10 头后裔。

(4)评定指标要全面。不仅要重视后裔的生产力表现，同时还要注意其生长发育、体质外形以及对环境的适应性。

(5)从外引进的公畜,不论是否做过后裔测验,都应接受遗传稳定性的重新审查。

资料 3:采用不同方法进行后裔测验

表 4-3 后裔测验数据示例 1

公牛号	与配母牛		女儿	
	畜号	产乳量/kg	畜号	产乳量/kg
101	1	2 080.4	112	3 156.0
	5	3 445.2	131	4 392.2
	6	1 500.7	111	1 854.7
	6	1 500.7	137	3 053.6
	9	1 988.7	142	3 259.7
	13	2 565.7	113	4 032.0
	19	1 232.5	128	2 942.0
	19	1 232.5	135	2 048.0
30	1	2 082.4	171	3 140.7
	5	3 445.2	197	4 072.7
	6	1 500.7	185	2 324.2
	6	1 500.7	210	2 100.0
	9	1 988.7	139	4 072.7
	13	2 565.7	177	4 123.0
	13	2 565.7	190	4 194.7
22	112	3 156.0	138	4 593.0
	122	3 527.6	147	2 455.7
	19	1 232.5	149	2 032.6
	128	2 942.5	150	4 301.7
	121	1 700.4	152	5 132.5
	1	2 082.4	158	3 008.7

资料 4：

表 4-4　后裔测验数据示例 2

公牛号	女儿数目	女儿泌乳期	产乳量/kg	乳脂率/%	活重/kg
189	32	1	4 219	3.25	485
201	37	1	3 849	3.02	487
211	21	1	4 354	3.04	458
191	53	1	4 172	3.03	483

根据表 4-3 和表 4-4，采用不同方法进行后裔测验。

【知识链接】

牛场繁殖系谱登记表(表 4-5)

表 4-5　牛场繁殖系谱登记表

牛场代码：　　　地址 ：　　　登记人：　　　登记日期：

牛号	父号	母号	外祖父	出生日期	出生地址	初生重/kg	毛色	品种纯度	登记时胎次	是否胚胎移植	受体牛号	体型评定	
												优势	缺陷

胎次	配种日期	与配公牛	配种次数	流产日期	流产原因	产犊日期	产犊性别	牛犊编号	出生重/kg	是否难产	干奶日期	305 d 产奶量	305 d 乳脂率	305 d 乳蛋白率	全期产奶量	是否 DHI
1																
2																
3																
4																
5																

【提交作业】

根据收集的资料编制横式系谱、结构式系谱以及后裔测验结果，分析个体间的血缘关系以及如何判断种畜的育种价值。

【任务评价】

评价内容		评价标准分值	自我评分 分值×20%	小组评分 分值×30%	教师评分 分值×50%
专业知识与技能	系谱的审查	5			
	了解种畜卡片，对资料进行整理	5			
	系谱按照格式表划分	5			
	核对耳号与系谱资料	10			
	进行血缘分析，分成不同类群	15			
	编制系谱的要求	15			
	畜禽系谱编制过程	15			
学习情境考核	学习态度	10			
	团队合作精神	5			
	规范操作情况	5			
	交流及表达能力	5			
	组织与协调能力	5			
	总分	100			
	得分				
	小组评语				
	教师评语				

工作任务三　肉羊高效繁育体系的选择和应用

【任务描述】

本任务首先调查肉羊场肉羊品种、品系及其繁育情况，了解目前实施的繁殖和育种工作，根据其实际情况，建立符合该肉羊的新型高效繁育体系；利用同期发情和超数排卵的技术，使肉羊高效繁育体系得以应用，提高其繁殖能力和经济价值。

【任务情境】

教师带领学生到肉羊场参观调查，了解肉羊场肉羊的品种、品系；养羊场场长提出目前存在的主要问题是肉羊繁殖力低下，是否能给予解决，教师下达任务，让学生调查后设计肉羊新型的繁育体系，并利用同期发情和超数排卵的先进技术，检验新型繁育体系。

【任务实施】

一、肉羊高效繁育体系的选择和应用

1. 一年二产体系

一年二产体系是理论上最好的母羊繁殖模式，但在生产上要求的条件比较高。因为母羊产后需要一定的生理恢复。一年二产体系的核心技术是母羊发情调控、羔羊早期断奶、早期妊娠检查。按照一年二产生产的要求，制订周密的生产计划，将饲养、兽医保健、管理等融为一体，最终达到预定生产目标。要严格控制或缩短产后配种时间，可安排在 4 月份配种，当年 9 月份产羔。第二胎在 10 月份配种，翌年 3 月份产羔。

2. 二年三产体系

二年三产是国外 20 世纪 50 年代后期提出的一种生产体系，沿用至今。要达到二年三产，母羊必须 8 个月产羔一次。该生产体系一般有固定的配种和产羔计划：如 5 月份配种，10 月份产羔；1 月份配种，6 月份产羔；9 月份配种，2 月份产羔。羔羊一般是 2 月龄断奶，母羊断奶后 1 个月配种。为了达到全年的均衡产羔，在生产中，将羊群分成 8 个月产羔间隔相互错开的 4 个组，每 2 个月安排 1 次生产。这样每隔 2 个月就有一批羔羊屠宰上市。如果母羊在第 1 组内妊娠失效，2 个月后可参加下一个组配种。用该体系组织生产，生产效率比一年一产体系增加 40%。该体系的核心技术是母羊的多胎处理、发情调控和羔羊早期断奶，强化育肥。

3. 三年四产体系

三年四产体系是按产羔间隔 9 个月设计的，由美国 BELTSVILLE 试验站首先提出的，这种体系适宜于多胎品种的母羊，一般首次在母羊产后第 4 个月配种，以后几轮则是在第 3 个月配种，即 1 月份、4 月份、6 月份和 10 月份产羔，5 月份、8 月份、11 月份和翌年 2 月份配种。这样，全群母羊的产羔间隔为 6 个月、9 个月。

4. 三年五产体系

三年五产体系又称为星式产羔体系，是一种全年产羔的方案，由美国康乃尔(CORNELL)大学伯拉·玛吉(Brain Mgee)设计提出的。羊群可被分为 3 组。开始时，第一组母羊在第一期产羔，第二期配种，第四期产羔，第五期再配种；第二组母羊在第二期产羔，第三期配种，第五期产羔，第一期再次配种。如此周而复始，产羔间隔 7.2 个月。对于 1 胎 1 羔的母羊，1 年可获 1.67 只羔羊，若 1 胎产双羔，1 年可获 3.34 只羔羊。

5. Harper 体系

该体系将母羊分为 2 群，交配日期和受胎率要求、母羊产羔数、羊群每年生产性能、在农场条件下实行 Harper 体系的产羔间隔及饲养方式。

6. 机会产羔体系

该体系是依市场设计的一种生产体系。按照市场预测和市场价格组织生产，若市场较好，立即组织一次额外的产羔，尽量降低空怀母羊数。这种方式适于个体养羊生产者。

二、应用繁殖技术

1. 进行同期发情及超数排卵处理

对供体母羊和受体母羊进行同期发情处理，同时对供体羊作超排处理，是用外源激素或其他类药物对母羊进行处理，暂时改变其自然发情周期的规律，人为地把发情周期的进程控制并调整到相同阶段，以合理组织配种，使产羔，育肥等过程一致，来加快肉羊生产，提高繁殖力。一是延长母羊发情周期，为以后引起同期发情准备条件。用孕激素处理母羊，抑制卵泡的生长发育，经过一定时间同时停药，随之引起同期发情。二是缩短发情周期，促使母羊提早发情。利用与上述性质完全不同的激素，抑制黄体，加速消退，降低孕酮水平，促进垂体促性腺激素的释放，引起发情。

2. 从供体母羊输卵管或子宫角内采集胚胎

(1)采卵时间和部位。供体母羊在发情结束后 2～3 d 内，从输卵管回收卵，或在 6～7.5 d 从子宫角冲卵。

(2)麻醉、保定。供体母羊肌肉注射静松灵约 0.5 mL，用 2% 普鲁卡因 6～8 mL 在第一、第二尾椎间作硬膜外腔麻醉。并将其保定仰卧于手术台上，将后侧腹部手术部位剪毛消毒。

(3)手术、冲洗胚胎。手术部位一般选择乳房左侧腹壁作切口,术部切口长约5 cm,术者将食指及中指由切口伸入腹腔,依次将子宫角、输卵管及卵巢拉出,注意保护卵巢和输卵管。观察并记录卵巢表面上排卵点。

将冲卵管一端由输卵管伞部的腹腔口插入2～3 cm深,另一端接集卵皿。用带有钝性针头的注射器吸取冲卵液5～10 mL,在宫管结合部将针头朝输卵管方向扎下,缓慢注入冲卵液,经输卵管流至集卵皿。也可由子宫角尖端注入冲卵液,从子宫角基部接取。

3.检查胚胎

将回收的冲卵液用滴管吸至表面皿中。置于双目实体显微镜下,一般放大10倍左右寻找胚胎,再将胚胎移至凹玻片上,放大40倍检查胚胎发育情况。整个操作动作迅速、准确,对检查后合格的胚胎准备用于移植。

4.胚胎移植

选择与供体母羊发情时间一致或最多不差24 h的受体母羊。用含0.3%～0.5%BSA的D-PBS液或10%血清的D-PBS液移植。受体母羊肌肉注射2%的静松灵0.5 mL,发情后2～3 d从输卵管冲洗的胚胎经伞部移入输卵管,再发情后6～7.5 d从子宫冲洗的胚胎移入子宫角。

羊胚胎移植操作程序见表4-6。

表4-6 羊胚胎移植操作程序

	供体	受体
第1天	上、下午各肌肉注射FSH 50 IU	肌肉注射PGF_2 2 mg
第2天	上、下午各肌肉注射FSH 50 IU、下午注射PGF_2 2 mg	肌肉注射FSH 100 IU

续表 4-6

	供体	受体
第 3 天	上、下午各肌肉注射 FSH 50 IU	每天试情并记载发情开始及结束时间
第 4 天	试情	
第 5 天	静脉注射 LH 150 IU，试情配种	
第 6 天	上、下午试情配种	
第 7 天	上、下午试情配种，至发情结束	
第 8 天	手术收集胚胎	手术移植胚胎

5. 术后护理

移植胚胎后，对供体、受体母羊的腹部切口立即缝合，防止感染。受体母羊术后 1～2 发情期观察返情情况，对没返情的母羊应加强饲养管理。

目前，国外已可用非手术法进行胚胎移植，只需在供体母羊腹部切一小口，利用内窥镜从供体母羊体内收集受精卵，然后移植到受体子宫即可。

【知识链接】

克隆技术

克隆是指由一个细胞或个体以无性繁殖方式产生遗传物质完全相同的一群细胞或一群个体。在动物繁殖中，它是指不通过精子和卵子的受精过程而产生遗传物质完全相同的新个体的一项胚胎生物技术。哺乳动物的克隆技术包括胚胎分割和细胞核移植两种，一般情况下，仅指细胞核移植技术，其中又包括胚胎细胞核移植和体细胞核移植技术。

1. 胚胎细胞核移植

胚胎细胞核移植又称胚胎克隆，是通过显微操作将早期胚胎细胞核移植到去核卵母细胞中构建新合子的生物技术。哺乳动物胚胎克隆的基本操作程序主要包括卵母细胞的去核，供体核的准备和移植，卵裂球与去核卵子融合，卵子的激活，胚胎克隆与培养，胚胎冷冻保存或胚胎移植。

2. 体细胞克隆

体细胞核移植技术又称体细胞克隆，是把分化程度较高的体细胞移入去核卵母细胞中，构建新合子的生物技术。体细胞克隆的主要技术程序与胚胎细胞克隆基本相同，主要差别在供体细胞的选择。

3. 克隆羊“多利”

1997 年 2 月 22 日，生物学界发生了一件轰动世界的大事——克隆羊多利诞生。

这是世界第一例从成年动物细胞克隆出的哺乳动物，当时媒体报道称苏格兰胚胎学家伊恩·威尔莫特及其同事用一只成年母绵羊乳房内取出的细胞克隆出了多利。科学界高度评价称“多利”的诞生标志着生物技术新时代来临。2003 年 2 月 14 日，多利因患严重肺病而被实施安乐死。

多利羊是用乳腺上皮细胞作为供体细胞进行细胞核移植的，它突破了利用胚胎细胞进行核移植的传统方式，使克隆技术有了长足的进展。整个克隆过程如下：科学家选取了 3 只母羊，先将一只母羊的卵细胞中所有遗传物质吸出，然后将另一只 6 岁母羊的乳腺细胞与之融合，形成一个含有新遗传物质的卵细胞，并促使它分裂发育成胚胎，当这一胚胎生长到一定程度时再将它植入第 3 只母羊的子宫中，由它孕育并产下克隆羊多利。多利酷似提供乳腺细胞的 6 岁母羊。

克隆羊“多莉”的诞生震惊了世界。克隆是英语 Clone 的音译，指人工诱导的无性繁殖。动物克隆试验的成功在细胞工程方面具有划时代的意义。

【提交作业】

深入羊场，调查该羊场目前所采用的杂交改良方法及选择的肉羊繁育体系所取得的效果，并询问技术人员对所取得的效果是否满意。如果技术人员对已取得的效果满意，记录该羊场高校肉羊繁育体系实施计划；如不满意，请根据所学知识，为该羊场或当地试拟一份您认为满意的肉羊繁育体系。

【任务评价】

评价内容		评价标准分值	自我评分分值×20%	小组评分分值×30%	教师评分分值×50%
专业知识与技能	调查肉羊场高效肉羊繁育体系报告	15			
	羊同期发情的原理	10			
	羊同期发情的药物	15			
	叙述羊胚胎移植的过程	15			
	胚胎移植操作注意事项	15			
学习情境考核	学习态度	10			
	团队合作精神	5			
	规范操作情况	5			
	交流及表达能力	5			
	组织与协调能力	5			
	总分	100			
	得分				
	小组评语				
	教师评语				

项目五

奶牛规范化生产

岗位能力

严格执行饲养管理方案以及其他各种技术方案，熟练操作奶牛规范化生产技能。随时掌握奶牛繁殖动态、健康情况和产奶量，搞好分群饲养，加强对3类牛的饲养，及时完成畜牧组下发的调牛通知单上牛只的调动任务。做好现场（包括卫生区）和过程管理。现场管理要严格执行“5S”标准；过程管理（饲料的投放量和饲喂程序；牛只的收放、上槽采食；食槽、牛床、运动场、卫生区的清扫；产房挤奶；犊牛的喂奶；接产的过程；临产牛的监护；新产母牛和犊牛的护理等）做到合理细化量化，每班起到指导、监控、执行作用。做好临产牛监护和新生犊牛护理工作。

实训目标

随时根据奶牛繁殖动态、健康情况和泌乳量，做好牛群分群工作。根据牛只的生产性能、健康情况，调制营养全价、适口性好的日粮，满足牛群的营养需要和维持正常的瘤胃功能。掌握犊牛接产及生后护理技术。掌握高产奶牛生产规范技术。掌握降低奶牛热应激的措施。

工作任务一　围产期母牛与新生犊牛护理

【任务描述】

围产期母牛是妊娠期的终结和泌乳期的起始点，对母牛和犊牛都是一个关键时期，中心任务是做好围产期母牛的饲养管理，通过营养全面、适口性好的日粮满足营养需要和维持正常的瘤胃功能，尽量减少产犊前的体内脂肪动用，维持正常的血液钙、镁离子浓度。通过实训掌握母牛分娩前后的饲养管理要点，熟练掌握犊牛接产及产后护理技术。

【任务情境】

根据岗位任务要求在规模化奶牛养殖场，也可结合现代化养殖场影视资料给学生直观展示，要求学生掌握奶牛繁殖动态规律，熟悉围产期、新生犊牛奶牛生理特点，通过实践、视频资料、学生自主搜集整理资料，掌握围产期奶牛饲养管理技术、接生技术及新生犊牛护理技术。

【任务实施】

一、围产期的饲养管理

围产期饲养管理的好坏直接关系到犊牛的正常分娩、母牛的健康及产后生产性能的发挥和繁殖表现。因此，在围产期除应注意干奶期和泌乳初期一般的饲养管理原则下，还应做好一些特殊的工作。

(一)围产期的饲养

1. 产前饲养

母牛转入产房前,饲养方法仍按干奶后期的方法进行饲养。即以优质干草适当搭配精饲料进行饲养。精饲料的喂量可按干奶期的标准饲喂,一般每天供给 3～5 kg。具体喂量可因牛而定,对于乳房水肿、充胀明显的牛要少加一些精饲料,对于乳房变化不大、食欲较好、体形偏瘦的母牛可多喂一些精饲料,其原则是不能造成催奶过急,防止产前产奶的情况发生。

日粮应减少大容积的多汁饲料,此时胎儿增大压迫影响消化道的正常蠕动,易造成便秘。在精饲料中要适当提高麸皮的比例,因麸皮含镁多,具有轻泻性,可防产前便秘发生。

增加日粮中维生素 A 和维生素 D 的含量,可提高初生牛犊的成活率,也会降低胎衣不下和产后瘫痪的发生。母牛临产前 3 d 内,还要注意增加一些易消化、具有轻泻作用的麸皮,以防母牛发生便秘。

2. 降低钙和食盐的含量

转入产房后,要注意降低日粮中钙和食盐的含量。采用低钙饲养法,加速奶牛骨骼中的钙质向血液转移,能有效地防止产后瘫痪的发生。即将平时日粮含钙量占干物质的 0.6%降到 0.2%的低水平。产前食盐的喂量可由原来 1.5%降至 0.5%以下。

3. 重视母牛产后饲养

母牛分娩过程体力消耗大,产后体质虚弱,饲养总的原则是尽快恢复体质。产后 2～3 d 内的饲料应以优质干草为主,同时补喂一些易消化的精饲料。如每天饲喂 3 kg 的麸皮和玉米,2～3 d 后开始逐渐增加日粮中钙和食盐的含量。其方法可用配合精饲料替换麸皮和玉米。一般产后第 3 天替换 1/3,第 4 天替换 1/2,

第5天替换2/3,第6天全部饲喂配合精饲料。母牛产后7 d后如果食欲良好,粪便正常,乳房水肿消失,开始饲喂青贮饲料和补喂精饲料。精饲料的补加量为每天加0.5～1 kg。奶牛产后前7 d要饮用37℃的温水,不宜饮用冷水,以免引起胃肠炎,7 d后饮水可降至10～20℃。

(二)围产期的管理

1.产房和母牛消毒

有条件的养牛户应设立产房和产床。产房要求干燥、通风、安静。在产前7～10 d,将母牛转入产房,并加强护理。在转入前,母牛后躯及四肢用2%～3%来苏儿溶液洗刷消毒,产房用2%火碱水喷洒消毒,并在产房内铺上清洁干燥的垫草。

2.适当增加产前运动

注意产房保温,严防穿堂风对牛体袭击。冬季要饮温水,不能饮冰水及饲喂冰冻变质的饲料,以免造成腹泻引发早产。每日注意观察乳房的变化,如有过度的水肿,尤其越高产母牛越水肿严重,可适当投以利尿剂,以减轻水肿程度。如发现乳房发红过硬,在不得已的情况下,可提前进行挤奶,但要保存好初乳。天气晴朗时,要将牛驱赶出产房进行运动,切忌终日关在潮湿的牛舍内。

3.及时排出胎衣

产后及时更换垫草,保持干燥、松软,并注意生殖道的出血及胎衣排出情况,发现异常及时做生殖道检查。胎衣自然排出的母牛,应根据恶露变化,做到配合药物进行子宫冲洗,药物最好交替使用。对产后8～12 h胎衣不下的母牛,可在母牛皮下或肌肉注射垂体后叶素50～100 IU,也可注射催产素10 mL 100 IU或麦角新碱6～10 kg。仍不下时,需要手术剥离。先用温水灌肠,排出直肠中的积粪，再用0.1%的高锰酸钾溶液清洗外阴，然后用左手抓住外露的胎衣，右手顺阴道伸入子宫内寻找子宫叶，用拇指找出胎儿胎盘的边缘，将食指伸入胎儿胎盘与母体胎盘之间，把它们分开。在胎儿胎盘被分离一半时，用拇指、食指、中指抓住胎衣，轻轻一拉，即可将胎衣完整地剥离下来。操作时须由近及远、循序渐进，越靠近子宫角尖端越不易剥离，尤需细心，力求完整取出胎衣。

4. 产后管理

产后给母牛饮喂温热麸皮盐钙汤或小米粥。母牛站立后，抓紧饮喂麸皮盐钙汤。做法是：温水 10～20 kg、麸皮 500 g、食盐 50 g、碳酸钙 50 g。小米粥的做法：小米 500～1 000 g，加水 15～20 kg，煮制成粥加红糖 500 g，晾至 40℃左右饮喂母牛。

5. 产后挤奶

奶牛产后能否把握好挤奶数量，直接影响着奶牛的身体健康和泌乳机能的发挥，掌握不好容易诱发母牛产后代谢障碍。因此，必须科学控制。一般来讲，在奶牛产后第 1 d，挤奶量应为日产奶量的 1/3。从产后的第 2 d 起，逐渐增加挤奶量。待奶牛的泌乳和消化机能基本恢复后，再实现正常挤奶。一般情况下，产后 3～5 d 可恢复正常。这样，就能够有效防止奶牛乳热症的发生，促进奶牛产奶量和牛奶质量的提高。

二、接产

1. 产房的准备

妊娠母牛在产前 2 周进入产房。产房预先打扫干净，用 20%的石灰水或 5%石炭酸溶液消毒，铺上干净而柔软的垫草。产房夏季应防暑，冬季应防寒、防贼风。

2. 药品及器材的准备

(1)药品　消毒药液,如甲酚皂、新洁尔灭、碘伏、10%碘酒、75%酒精;经消毒的石蜡油或食用油;催产剂、止血剂及局部止血药等。

(2)器材　产科器械一套,产科绳数根,止血钳、听诊器、注射器械、注射针等。此外,还有一般用具如毛巾、纱布、药棉、剪、肥皂、水桶、橡胶或塑料围身等。

3. 临产母牛的准备

母牛在入临产室前,先去尾毛,用温水洗净母牛外阴、尾巴、尾根、肛门及臀部两侧的污物,用纱布绷带或软棉绳把尾巴系于一侧,用消毒药水消毒外阴部。

4. 接产人员的准备

接产人员应穿戴工作服、帽、长筒胶靴,系围身,洗净并消毒手臂。

5. 接产的步骤和方法

(1)依次用温水和消毒液清洗和消毒(最后用酒精棉擦干)产畜外阴及其周围,用绷带包扎牛尾根,将尾系于体侧。产出期到来时,接产员迅速穿好工作服,清洗及消毒手臂,准备或者进行产道内诊,以清楚胎位、胎势、胎向、产道通畅情况及产力状态。

(2)注意观察产程的阶段,正确选定助产时机,给产畜以恰当协助。

在开口期完成之后,产畜表现极度不安,起卧无定,回视腹部,嗳气或呻吟,阵缩与努责变得强而有力、发作频繁、间歇短促。随着时间进展,球样胎水囊泡出现于阴道前庭或露出到阴门之外,并随同产力的发作与休止,时隐时现,进退不定,但胎泡越来越大,隔着胎膜可以看到胎儿的前置部位。

正常产时,胎儿在产出期的姿势,大多数情况为纵头向,上胎位,两前肢伸入产道,颈部伸展,头部位于两前肢之间之上(图 5-1);

少数情况为纵尾向上胎位，两后肢伸入产道(图 5-2)。

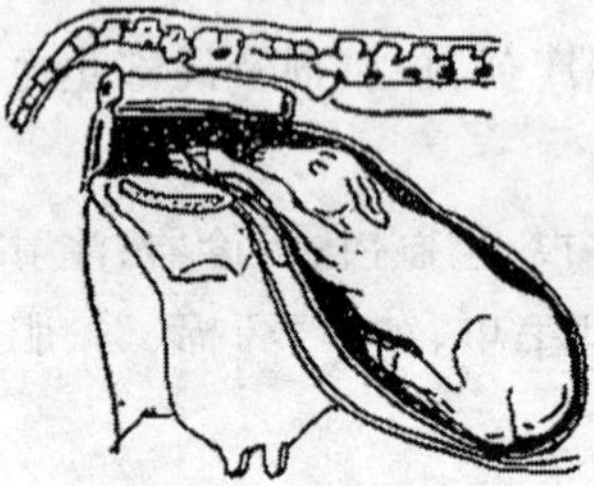

图 5-1　头位正常娩出姿势

(头位，上胎向)

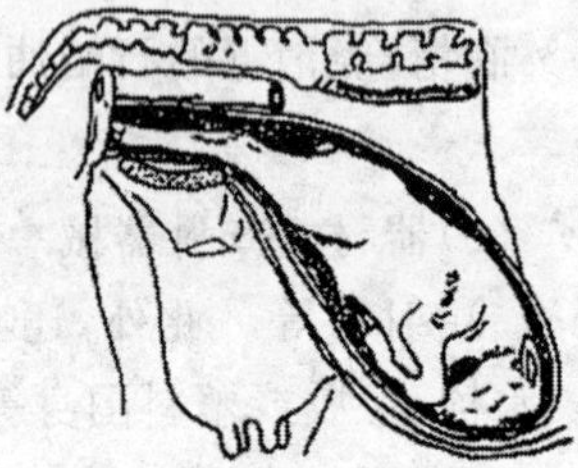

图 5-2　尾位正常娩出姿势

(尾位，上胎向)

当胎儿的口唇部或头部及两蹄尖已经露到阴门之外，羊膜囊尚未破裂时，要及时撕破胎膜，清除胎儿口鼻黏液，稍做牵引，抽出胎儿。当遇到胎位不正常，两后肢伸进产道或伸露到阴门之外时(此时蹄底向上，以跟腱和前肢区别)，一定要积极进行助产(图 5-3)，以免由于脐带被挤压于母体骨盆前缘或者胎体与骨盆之间，而造成胎儿血液循环障碍，供氧不足或者再反射性引起吞咽活动，误咽胎水，最后导致胎儿的窒息和死亡。如果遇到产力微弱，母畜无力娩出胎儿；胎儿过大或骨盆狭窄；胎头通过阴门困难，分娩迟迟无进展；由于某种原因而有难产趋势时(此时需稍加整复、理顺)，都必须及时牵引抽出胎儿。抽出胎儿时按下列要求进行：

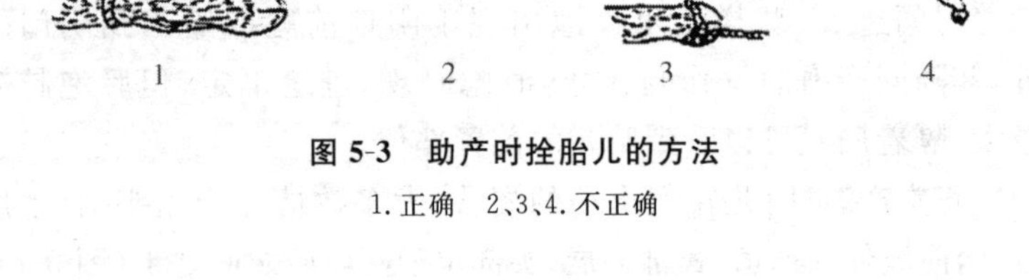

图 5-3　助产时拴胎儿的方法

1. 正确　2、3、4. 不正确

在产力发作的同时进行牵引；

沿着母体骨盆轴的方向；

胎儿的肩或髋部通过产道时，以交互牵引两前肢的方法抽出；

胎儿的较宽部位通过阴门时，助手要护住阴门，以防阴门撕裂；

如果胎儿的腹部已经露到阴门之外，助产人员要在减缓抽出速度的同时，保护（握住）脐带，防止脐带的过早和过短断裂。

三、犊牛护理

初生犊牛的护理关系到犊牛培育的成败，必须掌握好 3 个环节。

1. 清除黏液

犊牛出生后，第一步要做的工作是清除口及鼻孔的黏液，以免影响呼吸。其次是用干净毛巾擦净犊牛体表部位的黏液，以免犊牛受凉，特别是气温较低时。但肉用犊牛出生后体表部位的黏液可以让母牛舔食，也可用麸皮擦遍犊牛的体躯，以方便舔食干净。

2. 正确断脐

在擦净犊牛体躯后，犊牛往往会自然扯断脐带，如果未断，应在距犊牛腹部 10～12 cm 处用消毒剪刀剪断，挤出脐带中的黏液并用 5%碘酊消毒，以防发生脐带炎。一般情况下，脐带在 1 周左右干燥而脱落。

3. 及早哺足初乳

初乳是母牛产犊后 5～7 d 所产生的乳，其中干物质含量，特别是免疫球蛋白、维生素 A 和矿物质含量均比常乳高。生后 36 h 犊牛几乎丧失对初乳中免疫球蛋白的吸收能力。所以犊牛出生后要及早让其哺食初乳，最好在 2 h 之内，喂足 2 L 初乳。5～7 d

内初乳的日喂量应高于常乳，可喂到体重的1/6。日喂次数一般不少于3次，挤出的初乳应立即哺喂，如乳温下降应水浴加热到36～38℃。温度过高会初乳凝固，过低会导致犊牛下痢。如遇母牛产后患病或死亡，应用同期分娩母牛的初乳喂犊牛，如没有同期分娩的母牛初乳，则可用常乳加20 mL鱼肝油、50 mL泻油和250 mg土霉素，连喂5 d，以后土霉素降至125 mg/d。

【知识链接】

牛初乳及其对新生犊牛的重要意义

一般将母牛产犊后5～7 d内的乳汁称之为牛初乳。

牛初乳蛋白质含量高，脂肪和糖含量较低。20世纪50年代，研究发现牛初乳中不仅含有丰富的营养物质，而且含有大量的免疫因子和生长因子，如免疫球蛋白、乳铁蛋白、溶菌酶、类胰岛素生长因子、表皮生长因子等。2012年4月，卫生部表示，婴儿奶粉将禁添牛初乳，该新规于2012年9月1日起执行。2012年8月13日，卫生部明确牛初乳禁令范围。

由于母牛胎盘的特殊结构，母体血液中的免疫球蛋白不能在胎儿时期通过胎盘传给胎儿，因而新生犊牛免疫能力较弱。初乳中含有大量的免疫球蛋白，犊牛可通过吃初乳来获得免疫能力。初乳中含有大量镁盐，镁盐具有轻泻作用，又利于犊牛胎便的排出。出生犊牛皱胃不能分泌胃酸，因而细菌易于繁殖，而初乳酸度较高，有杀菌作用。初乳中有溶菌酶和K-抗原凝集素，也有杀菌作用。因此，牛初乳对新生犊牛具有重要生物学意义。

【提交作业】

1. 根据奶牛围产期的生理特点，简述其饲养管理规范。

2. 简述接产技术操作规范。

3. 新生犊牛护理技术要点有哪些？如何提高新生犊牛成活率？

【任务评价】

评价内容		评价标准分值	自我评分 分值×20%	小组评分 分值×30%	教师评分 分值×50%
专业知识与技能	奶牛围产期生理特点	15			
	围产期奶牛饲养管理操作规范	10			
	接产技术	15			
	新生犊牛生理特点	15			
	围产期日粮调制	15			
学习情境考核	学习态度	10			
	团队合作精神	5			
	规范操作情况	5			
	交流及表达能力	5			
	组织与协调能力	5			
	总分	100			
	得分				
	小组评语				
	教师评语				

工作任务二　高产奶牛生产规范

【任务描述】

通过实训掌握高产奶牛的营养需要及日粮调制技术，熟练掌握高产牛生产规范。

【任务情境】

本任务可在规模化奶牛养殖场开展现场教学；也可以结合现代化养殖场影视资料给学生直观展示，学生自主搜集信息采取汇报展示学习成果。

【任务实施】

根据国颁专业标准《高产奶牛饲养管理规范》（ZBB 43002—85）规定，高产奶牛是指一个泌乳期 305 d 产奶量 6 000 kg 以上，乳脂率 3.4%（或与此相当的乳脂量）的牛群和个体奶牛。高产奶牛一个典型的特点是采食量大，对营养物质的需求量高，虽然精饲料喂量大，但营养负平衡仍比较严重。因此，饲养的重点是尽量降低营养负平衡，保证瘤胃机能的正常，维持奶牛健康，获得稳定生产。

一、高产奶牛营养需要

（1）干奶期　日粮干物质应占体重 2.0%～2.5%，每千克饲料干物质含奶牛能量单位 1.75，粗蛋白 11%～12%，钙 0.6%，磷 0.3%，精料和粗饲料比为 25∶75，粗纤维含量不少于 20%。

（2）围产期　分娩前两周，日粮干物质应占体重 2.5%～3%，每千克饲料干物质含奶牛能量单位 2.00，粗蛋白占 13%，含钙 0.2%，磷 0.3%；分娩后立即改为钙 0.6%，磷 0.3%，精料和粗饲料比为 40∶60，粗纤维含量不少于 23%。

（3）泌乳盛期　日粮干物质应由占体重 2.5%～3%，逐渐增加到 3.5%以上。每千克干物质应含奶牛能量单位 2.4 个，粗蛋白占 16%～18%，钙 0.7%，磷 0.45%。精料和粗饲料比由 40∶60逐渐改为 60∶40，粗纤维含量不少于 15%。

（4）泌乳中期　日粮干物质应占体重 3.0%～3.2%，每千克含奶牛能量单位 2.13 个，粗蛋白占 13%，钙 0.45%，磷 0.4%。

精料和粗饲料比为40∶60,粗纤维含量不少17%。

(5)泌乳后期　日粮干物质应占体重3.0%～3.2%,每千克含奶牛能量单位2.00,粗蛋白质占12%,钙0.45%,磷0.35%,精料和粗饲料比为30∶70,粗纤维含量不少于20%。

二、高产奶牛饲养规范

(1)干奶期应控制精料喂量,日粮以粗饲料为主,但不应饲喂过量的苜蓿干草和玉米青贮。同时应补喂矿物质、食盐,保证喂给一定数量的长干草。

(2)围产期必须精心饲养,分娩前两周可逐渐增加精料,但最大喂量不得超过体重的1%。干奶期禁止喂甜菜渣,适当减少其他糟渣类饲料。分娩后第1～2 d应喂容易消化的饲料,补喂40～60 g硫酸钠,自由采食优质饲草,适当控制食盐喂量,不得以凉水饮牛。分娩后第3～4 d起,可逐渐增喂精料,每天增喂量0.5～0.8 kg,青贮、块根喂量必须控制。分娩2周以后,在奶牛食欲良好、消化正常、恶露排净、乳房生理肿胀消失的情况下,日粮可按标准喂给,并可逐渐加喂青贮、块根类饲料,但应防止糟渣块根过食和消化机能紊乱。

(3)泌乳盛期必须饲喂高能量的饲料,并使高产奶牛保持良好食欲,尽量采食较多的干物质和精料,但不宜过量。适当增加饲喂次数,多喂品质好、适口性强的饲料。在泌乳高峰期,青干草、青贮应自由采食。

(4)泌乳中、后期,应逐渐减少日粮中的能量和蛋白质。泌乳后期,可适当增加精料,但应防止牛体过肥。

(5)初孕牛在分娩前2～3个月应转入成母牛群,并按成母牛干奶期的营养水平进行饲喂。分娩后,应增加20%的维持营养需要,第二胎增加10%。

(6)全年饲料供给应均衡稳定，冬、夏季日粮不得过于悬殊，饲料必须合理搭配。配合日粮时，各种饲料的最大喂量建议为：

青干草：10 kg(不少于 3 kg)

青贮：25 kg

青草：50 kg(幼嫩优质青草喂量可适当增加)

糟渣类：10 kg(白酒糟不超过 5 kg)

块根、块茎及瓜果类：10 kg

玉米、大麦、燕麦、豆饼：各 4 kg

小麦麸：3 kg

豆类：1 kg

(7)泌乳盛期、日产奶量较高或有特殊情况（干奶期，妊娠后期)的奶牛，应有明显标志，以便区别对待饲养。饲养必须定时定量，每天喂 3～4 次，每次饲喂的饲料建议精、粗交替多次喂给，并在运动场内设补饲槽，供奶牛自由采食饲草。在饲喂过程中，应少喂勤添，防止精料和糟渣饲料过食。

(8)夏季日粮应适当提高营养浓度，保证供给充足的饮水，降低饲料粗纤维含量，增加精料和蛋白质的比例，并补喂块根、块茎和瓜类饲料，冬季日粮营养丰富，增加能量饲料，饮水温度应保持在 12～16℃，不饮冷水。

三、高产奶牛管理规范

(1)奶牛场应建造在地势高燥、采光充足、排水良好、环境幽静、交通方便、没有传染病威胁和三废污染、易于组织防疫的地方，严禁在低洼潮湿、排水不良和人口密集的地方建场。

(2)牛舍建筑应符合卫生标准，坚固耐用、冬暖夏凉、宽敞明亮，具备良好的清粪排尿系统，舍外设粪尿池。有条件的地方可利用粪尿制作沼气。

(3)在牛舍外的向阳面,应设运动场,并和牛舍相通。每头牛占用面积20 m^2 左右。运动场地应平坦,为沙土地,有一定坡度,四周建有排水沟,场内有荫棚和饮水槽、矿物质和补饲槽,四周围栏应坚实、美观,运动场应有专人管理清扫粪便、垫平坑洼、排除污泥积水。

(4)牛舍和运动场周围应有计划地种树、种草、种花,美化环境,改善奶牛场小气候。

(5)奶牛场各饲养阶段的奶牛应分群(槽)管理,合理安排挤奶、饲喂、饮水、刷拭、打扫卫生、运动、休息等项工作日程,一切生产作业必须在规定时间完成,作息时间不应轻易变动。

(6)严格执行防疫、检疫和其他兽医卫生制度,定期进行消毒,建立系统的奶牛病历档案;每年定期进行1～2次健康检查,其中包括酮病、骨营养不良等病的检查;春、秋季各进行一次检蹄修蹄,建议在犊牛阶段进行去角。

(7)高产奶牛每天必须铺换褥草,坚持刷拭,清洗乳房和牛体上的粪便污垢,夏季最好每周进行一次水浴或淋浴(气温过高时应每天一至数次),并应采取排风和其他防暑降温措施;冬季防寒保温。

(8)高产奶牛每天应保持一定时间和距离的缓慢运动。对乳房容积大、行动不便的高产奶牛,可作牵行运动。酷热天气,中午牛舍外温度过高,应改变放牛和运动时间。

(9)高产奶牛每胎必须有60～70 d干奶期,建议采用快速干奶法,干奶前用CMT法进行隐性乳房炎检查,对强阳性(++以上)应治疗后干奶,在最末一次挤奶后向每个乳头内注入干奶药剂,干奶后应加强乳房检查与护理。

(10)高产奶牛产前两周进入产房,对出入产房的奶牛应进行健康检查,建立产房档案。产房必须干燥卫生,无贼风。建立产房值班和交接班制度，加强围产期的护理，母牛分娩前，应对其后躯、外阴进行消毒。对于分娩正常的母牛，不得人工助产，如遇难产，兽医应及时处理。

(11)高产奶牛分娩后，应及早驱使站起，饮以温水，喂以优质青干草，同时用温水或消毒液清洗乳房、后躯和牛尾。然后清除粪便，更换清洁柔软褥草。分娩后1～1.5 h，进行第一次挤奶，但不要挤净，同时观察母牛食欲、粪便及胎衣的排出情况，如发现异常，应及时诊治。分娩两周后，应作酮尿病等检查，如无疾病，食欲正常，可转大群管理。

四、高产奶牛挤奶规范

(1)每年应编制每头奶牛的产奶计划，建议以高产奶牛泌乳曲线做参考，按照每头奶牛的年龄、分娩时间、产奶量、含脂率以及饲料供应等情况，进行综合估算。

(2)高产奶牛的挤奶次数，应根据各泌乳阶段、产奶水平而定。每天可挤奶3次，也可根据挤奶量高低，酌情增减。

(3)挤奶员必须经常修剪指甲，挤奶前穿好工作服，洗净双手，每挤完一头牛应洗手臂，洗手水中应加0.1%漂白粉。

(4)奶具使用前后必须彻底清洗、消毒，奶桶及胶垫处必须清洗干净，洗涤时应用冷水冲洗，后用温水冲洗，再用0.5%烧碱温水(45℃)刷洗干净，并用清水冲洗，然后进行蒸气消毒。橡胶制品清洗后用消毒液消毒。

(5)挤奶环境应保持安静，对牛态度和蔼，挤奶前先拴牛尾，并将牛体后躯、腹部及牛尾清洗干净。然后用45～50℃的温水，按先后顺利擦洗乳房、乳头、乳房底部中沟、左右乳区与乳镜，开始时可用带水多的湿毛巾，然后将毛巾扭干自下而上擦干乳房。

(6)乳房洗净后应进行按摩，待乳房膨胀，乳静脉怒张，出现排乳反射时，即应开始挤奶。第一把挤出的奶含细菌多，可弃去。挤奶时严禁用牛奶或凡士林擦抹乳头，挤奶后还应再次按摩乳房，然后一手托住各乳区底部另一只手把牛奶挤净。初孕牛在妊娠5个月每分钟压挤80～120次，每分钟挤奶量不少于1.5 kg。

(7)每次挤奶必须挤净，先挤健康牛，后挤病牛，牛奶挤净后，擦干乳房，用消毒液浸泡乳头。

(8)机器挤奶真空压力应控制在350～380 mmHg，搏动器搏动次数每分钟应控制在60～70次，在奶少时应对乳房进行自上而下的按摩，并应防止空挤；挤奶结束后，应将挤奶机清洗消毒，然后放在干燥柜内备用。分娩10 d以内的母牛，或患乳房炎的母牛，应改为手挤，病愈后再恢复机器挤奶。

(9)认真做好产奶记录，刚挤下的奶必须用过滤器或多层纱布进行过滤，过滤后的牛奶，应在2 h内冷却到4℃以下，入冷库保藏。过滤用的纱布每次用后应该洗涤消毒，并应定期更换，保持清洁卫生。

(10)重视培训挤奶人员，并应保持相对稳定，不应轻易更换。

五、高产奶牛配种规范

(1)建立发情预报制度，观察到母牛发情，不论配种与否，均应及时记录。配种前，除做表观、行为观察和精液鉴定外，还应进行直肠检查，以便根据卵泡发育状况，适时输精。

(2)高产奶牛分娩后20 d，应进行生殖器检查，如有病变，应及时治疗。对超过70 d不发情的母牛或发情不正常者，应及时检查，并应从营养和管理方面寻找原因，改善饲养管理。

(3)高产奶牛产后70 d左右开始配种，配种天数不超过120 d。初配年龄以15～16月龄、体重为成年母牛60%以上为宜。

(4)合理安排全年产犊计划，尽量做到均衡产犊，在炎热地区的酷暑季节,可适当控制产犊头数。

(5)高产奶牛应严格按照选配计划,用优良公牛精液进行配种,必须保证种公牛精液的质量。

【知识链接】

高产奶牛的生理特点

(1)采食量　高产奶牛一个典型的特点是采食量大,对营养物质的需求量高,虽然精饲料喂量大,但营养负平衡仍比较严重。

(2)饮水量　每头牛每昼夜饮水量为 50～75 kg,平均是 62.5 kg,泌乳高峰期可增加到 100 kg/(头·d)。

(3)消化代谢　高产奶牛采食量大,新陈代谢旺盛,每次排粪时间长,排粪量大,粪便较稀,每日排粪量为 38～49 kg,排尿量为 40～68 kg。

(4)泌乳速度　高产奶牛比低产奶牛乳头松弛,排乳速度较快。每日挤奶时间比低产牛挤奶时间长。

(5)饲料利用率　能有效地把各种饲料的营养物质消化,饲料利用率高。

(6)神经内分泌特点　高产奶牛挤奶时间长,产奶量高,产乳曲线平稳。

(7)生理与生化指标　高产奶牛机体功能强,代谢旺盛。高产奶牛血钙、血糖、血清总蛋白和血清总脂含量也均高于中低产牛,这也是高产奶牛体内代谢旺盛的标志。

(8)肝脏功能　实践证明,高产奶牛喂大量精料会出现酮病等,因此对高产奶牛应加大粗饲料比例,在围产前期和围产后期,增加生物制剂,能有效减轻肝脏功能负荷,达到高产奶牛健康、高产、长寿。

(9)体型　高产奶牛的乳用特征明显,头部清秀,颈部偏细,背部平直,四肢健壮,无卧系。体型前窄后宽,腹围大,呈梯形。

乳房像浴盆，前伸后延、附着紧凑，乳静脉粗壮、弯曲发达。体高 1.4 m 以上，体长 1.7 m 以上。高产奶牛两眼大而有精神，呼吸频率均匀有力。

【提交作业】

根据所学的知识，完成高产奶牛日粮调制、生产管理、人工授精等技术操作规范。

【任务评价】

评价内容		评价标准 分值	自我评分 分值×20%	小组评分 分值×30%	教师评分 分值×50%
专业知识与技能	高产奶牛营养需要	15			
	高产奶牛饲养规范	10			
	高产牛管理规范	15			
	高产奶牛挤奶规范	15			
	高产奶牛配种规范	15			
学习情境考核	学习态度	10			
	团队合作精神	5			
	规范操作情况	5			
	交流及表达能力	5			
	组织与协调能力	5			
	总分	100			
	得分				
	小组评语				
	教师评语				

续表

考核方式	考核项目	评分标准		考核方法	考核分值	熟悉程度
		分值	扣分依据			
学生互评	提交成果	30	根据小组代表发言、小组学生讨论发言、小组学生答辩及小组间互评打分情况而定	操作考核		群体参与
小组考核评价	内容充分、条理清楚、措施得当、操作规范	40				基本掌握/熟练掌握
	完成时间	10				按时完成
教师评分	实施与成果	20	根据学生互评、操作考核和作业提交情况评分	总体评价		熟练掌握
合计						

工作任务三　暑期热应激条件下的饲养管理

【任务描述】

奶牛热应激综合征是指奶牛机体受到超过本身体温调节能力的高温刺激，据报道，当环境温度从25℃增到28.6℃时，奶牛标准产奶量下降25.3%，按高温90 d计算1个产奶中等的万头奶牛场，一个夏季带来的经济损失就达36.5万元。热应激极大影响奶牛采食量、免疫力、繁殖性能等，甚至引起奶牛的死亡。为此我们必须了解和掌握预防和减缓奶牛热应激的措施。

【任务情境】

本任务可在规模化奶牛养殖场开展现场教学或结合现代化养殖场影视资料直观展示，学生搜集信息，掌握奶牛场预防和减缓奶牛热应激的措施。

【任务实施】

一、牛场及牛舍建设

1. 凉棚

大群奶牛消暑的好办法是搭凉棚。简易凉棚可减少 30％的太阳辐射热。好的凉棚要求：遮阴面积到 80％就可以，有 20％面积透气，透阳光，凉棚应高，通风，其高度应在 4 m 以上。用黑塑料膜粘在细绳上编排的凉棚，既通风又遮阴。用长竹片固定在铁丝上搭成凉棚，也可用木板、竹片搭成凉棚，如果建筑结实，既遮光，又风凉，是经久耐用的。也可在运动场埋杆子，用铁链搭成天棚，上边放秸秆，可让育成牛或大牛休息。

2. 植树与绿化

运动场周围种些高大的阔叶乔木，在进风口（窗）设遮阳棚等。

3. 喷雾

热天向牛身上喷雾是解热的好方法，水分蒸发，吸收空气中的热量，进而将空气冷却。

4. 风扇和喷淋降温系统

本系统的工作原理是蒸发散热，即通过蒸发被毛层中的水分，带走体表热量，从而达到降温的目的。本系统的主要设施为风扇和喷淋装置。使用本系统降温，需要注意喷淋与电风扇不能同时进行工作，通过调整喷头的安装位置和角度，将喷淋的水控制在特定的区域。这一系统通常安在待挤区，挤奶厅出口或采食通道等特定区域，前者属强迫降温，后者则由奶牛自由选择。

在采用风扇和喷淋系统降温应注意：奶牛采取防暑降温时间，刚开始或停止时均应逐渐进行；对后备牛，由于低的代谢率、高的体表面积，风扇淋浴降温可能会存在“过冷”的问题；在奶牛的围产期，尤其围产后期最需要降温。

5.减轻屋顶热负荷

如将屋顶涂白，以增强其热反射能力；在屋顶铺草秸以降低屋顶内面温度；在圈舍周围种蔓藤类植物，让其爬上屋顶起到减轻热负荷的作用；在屋顶喷水也可降低屋内温度，但屋顶喷水主要用于未铺设隔热材料，或隔热性能不良的屋顶和凉棚顶。最经济的喷水是使屋顶保持湿润，但没有水滴流下。屋顶喷水能达到顶下铺设隔热层的效果。

6.牛舍

可用换气装置自下而上吹气，但注意吹风要合理不能形成穿堂风；在舍内气流速度较快的情况下向舍内喷水，水在吸收舍内空气中热量后，被吹出舍外而将舍内热量带走；在进风口装设湿帘类设备，或将地下室内空气引入舍内。

二、保证供水

让牛随时可饮到清洁充足的水。在常温条件下，奶牛饮水量标准为 3 L/kg 干物质，炎热天气为 7 L/kg 干物质，上限为250 L/d。

三、采用全混合日粮

高温条件下，考虑到采食量下降因素，日粮调制中提高饲料浓度和蛋白质水平，适当减少含粗纤维高的饲料，特别要控制劣质粗料，以减少热增耗。

(1)提高日粮蛋白质水平。Hassan 等试验表明,在气温波动于 17.8～32.8℃条件下,将奶牛日粮蛋白质水平从 14.3%提高到 20.8%,采食量增加 11.3%,产奶量提高 6%。但要注意不过量,否则过量的蛋白质被脱氨基供能,增加"热增耗",加剧热应激。一般高产奶牛日粮的过瘤胃蛋白含量由 28%～30%提高到 35%～38%。添加过瘤胃脂肪,合理使用过瘤胃蛋白,避免奶牛营养摄入量的减少。

(2)提高日粮精料比例,减少粗料喂量。夏季奶牛日粮要控制粗料喂量,提高精料比例。但应注意日粮精料最大比例一般不宜超过 60%,中性洗涤纤维不低于 28%～30%,以免影响乳脂率及出现营养代谢紊乱。

(3)应供给适口性好的优质干草。

(4)高温时奶牛对 Ca、Na、K、P、Mg 等主要常量元素和 Cu、Zn、Se、Mn 等微量元素的需要增加,添加量应比平时高 10%左右。在夏季高精料、低粗料的奶牛日粮中添加缓冲剂,有较好的饲养效果。如可在全混合日粮干物质中添加 0.75%～1.5%的碳酸氢钠或 0.35%～0.4%的氧化镁等。

(5)添加异位酸型奶牛添加剂。精料中加喂 1%异位酸型奶牛添加剂,可缓解热应激,使呼吸均匀,口水流的少,食欲增加,因热应激造成的产奶下降可明显回升。

(6)添加生长激素。对膘情中等以上的高产奶牛应用生长激素,可防止产奶量下降。

(7) 补喂糖蜜和保护性脂肪。夏季奶牛日粮的能量水平成为制约产奶量的最主要因素。

在热应激采食量减少情况下,添加脂肪有很好的饲养效果。这与脂肪的"热增耗"低,有利于夏季的热平衡有关。油籽如整粒棉籽或大豆、牛羊脂以及脂肪酸钙都是很好的脂肪来源。整粒棉籽每头每天喂量限制在 2.3～3.0 kg，其原因除了涉及棉酚的毒力以外，也由于环丙烷脂肪酸的作用，同时，饲喂全棉籽时，乳蛋白约减少 0.1%，牛奶中长链脂肪酸的比例增加，添喂棉籽的日粮必须提高日粮干物质的含钙量(提高 10%)。

(8)添加蛋氨酸。在日粮蛋白和过瘤胃蛋白进食量相同(18.5%和 43%)情况下，日粮赖氨酸与蛋氨酸的比例由 1.6∶1 提高到 3.0∶1，夏季产奶量提高 11%。

(9)提高维生素 A 添加量或添加烟酸。应尽可能多喂青绿多汁饲料(如胡萝卜、冬瓜、南瓜、瓜皮等)，可缓解热应激。

四、调整饲喂时间和作息时间

由于采食后的 2～3 h 为热能生产的高峰阶段，因此建议夏季夜间喂料量应占日粮的 60%以上，尤其粗料宜安排在 20:00 至 5:00进行，以便使热增耗产生高峰与气温高峰相同。同时，还可通过增加饲喂次数，延长饲喂时间，调制粥料等饲养措施来增进食欲，提高采食量。

采用夜间放养运动，但应注意放出时间，要待地热散发之后(如 18:00 后)，才能将奶牛放出，以免牛只受本身热量和地热的双重影响而导致突然中暑。

五、灭蚊蝇

首先，应尽可能消除蚊蝇的滋生，消除奶牛场内的任何积水和丛生的野草，阴井和水沟要定期喷洒敌百虫等有效而无害于奶牛的杀虫药物，运动场和场地周围的牛粪要尽可能清除干净，因为牛粪是牛蝇的主要滋生处。

其次，可在奶牛舍和运动场周围放置一些灭虫灯。最好定时在蚊蝇集中的地方喷洒氯菊酯稀液或其他高效无毒的杀虫剂。

但绝不可使用如敌敌畏等剧毒药物，并应注意不要把任何药物喷洒在牛身和饲料上。

【知识链接】

减缓奶牛热应激日粮调制注意事项

奶牛耐寒不耐热，荷斯坦牛最适宜的气温是10～16℃。热应激对奶牛的影响不论是对牛群的健康、产奶量、乳脂率、繁殖率以及犊牛的初生重均会产生极显著的影响。改善高温季节的饲养管理就成为提高全年产奶量的一条重要途径。

夏季饲料中能量、粗蛋白质等营养物质浓度应适当提高，而且要有一定数量的粗纤维(17%)。可在配合饲料中适当增加玉米、豆饼、鱼粉含量，使日粮中蛋白质浓度比正常水平提高4%左右，过瘤胃蛋白质占粗蛋白质比例达到35%～38%。试验证实，在奶牛日粮中添加日粮总干物质3%的脂肪酸钙盐，使日粮中脂肪水平达到5%～6%时，其利用率最佳。适当减少青贮料比例，增大富含碳水化合物和水分，适口性好的饲料，如鲜嫩多汁的青草及瓜类果皮等。除此之外，夏季还应少喂干草，可适当喂些发酵的糠糟、豆渣、啤酒糟等，对提高产奶量、增加乳脂率、增加奶牛的干物质消化率及乳产量有作用，并降低体温。绿豆汤具有清热解毒，防暑降温的作用。有条件的养殖场户夏季应该给奶牛饮绿豆汤。用新鲜绿豆1～1.5 kg，加水4～5 kg，煮沸1～2 h，加入40 kg清洁饮水中，给奶牛一次饮服，每天一次。给奶牛喂盐水麸皮汤能增强奶牛食欲，保证饮水量，调节代谢，有效控制产奶量下降。每次每头牛喂50 kg水，加食盐50 g、麸皮1～1.5 kg，每天喂3次。夏季给奶牛补喂糖蜜能有效地减轻热应激。

【提交作业】

从牧场设计、奶牛日粮调制、饲养管理等方面系统阐述预防和减缓奶牛热应激的措施。

【任务评价】

评价内容		评价标准 分值	自我评分 分值×20%	小组评分 分值×30%	教师评分 分值×50%
专业知识与技能	热应激对奶牛的危害	15			
	从牛舍设计上浅谈减缓热应激的措施	25			
	饲养管理方面如何减缓奶牛热应激	30			
学习情境考核	学习态度	10			
	团队合作精神	5			
	规范操作情况	5			
	交流及表达能力	10			
	组织与协调能力	5			
	总分	100			
	得分				
	小组评语				
	教师评语				

项目六

肉牛肉羊生产技术要领和饲养管理规范

岗位能力

能清理、洗刷、使用喂饮器具；能确定家畜饲喂次数和饲喂间隔；能按季节和生产阶段调整日粮；能清理保持畜舍及设施卫生；能准备、安装畜舍生产用具及设备；能使用仪表检测畜舍卫生指标对畜舍温湿指标测定指数进行评定；能制定肉牛肉羊育肥方案。

实训目标

通过实训，要求学生掌握肉牛肉羊生产技术要领和饲养管理规范，并能结合不同场的特点编制优质肉牛肉羊饲养管理规范。掌握商品肉牛肉羊肥育的方法，且能根据实际情况，制定肉牛肉羊肥育方案。

工作任务一　优质肉牛生产技术

【任务描述】

本任务参观调查大型肉牛场，了解肉牛的生产环节和饲养管理技术，掌握肉牛产肉性能的评定方法，掌握肉牛的不同肥育技术。锻炼学生独立解决生产实际问题的能力，为将来就业和自主创业奠定坚实基础。

【任务情境】

教师带领学生到大型肉牛场进行调研，由肉牛场场长介绍肉牛场的基本情况，同学向场长提出问题，了解该肉牛场的生产技术后，学生为了获得更多的肉牛生产技术，对超市或牛肉零售商或屠宰点进行调研，扩大调研范围，了解目前市场上肉牛品种、肉牛产肉性能的评定方法。

【任务实施】

一、优质肉牛的选择

1. 品种要求

我国地方良种黄牛，如秦川牛、南阳牛、鲁西牛和晋南牛均可作为生产优质肉牛地牛源，用这些品种作母本与引入的国外专门化肉用品种如夏洛莱、利木赞等杂交后代，生长期短，日增重 1～1.2 kg，能早期进行肥育，提前出栏，节约饲料；并且屠宰率、出肉率高，肉质好，大理石花纹好。

2. 年龄与性别要求

最佳开始肥育年龄为 12～16 月龄，一般 1.5 岁以前的牛生长最快，饲料转化率高，国外肉牛多在此时出栏屠宰，最迟不超过 2 岁。国际出栏标准 14～18 月龄。

性别以阉牛最好，一般认为母牛肉质较好，肌纤维细，结缔组织少，肉味好，易肥育。过去认为，去势公牛较易肥育，产肉量高，但试验表明：育成公牛比阉牛有较高的生长率（高 8.7%）和饲料转化率（高 12%），瘦肉多，屠宰率高，眼肌面积大。

3.肥育期和出栏体重

肥育期一般为 12 月龄牛 8～9 个月，18 月龄牛 6～8 个月，24 月龄牛 5～6 个月。用于生产高档牛肉的优质肉牛必须经过 100～150 d 的强度育肥。犊牛及架子牛阶段可以放牧饲养，也可以围栏或拴系饲养。最后必须经过 100～150 d 的强度育肥，日粮以精饲料为主。在育肥期所用饲料也必须是品质较好的。对改进胴体品质有利的饲料。出栏体重应达 500～600 kg。

4.胴体及肉质要求

胴体表面脂肪的覆盖率达 80%以上，脂肪色泽等级按颜色深浅分为 9 个等级，其中脂肪色为 1、2 两级为最好。脂肪色泽以洁白而有光泽、质地较硬为最佳。背部脂肪厚度为 8～10 mm 以上，第 12、13 肋骨脂肪厚为 10～13 mm；胴体外型无缺损；肉质柔嫩多汁，剪切值在 3.62 kg 以下的出现次数应在 65%以上；大理石纹明显；每条牛柳 2 kg 以上，每条西冷 5 kg 以上，符合西餐要求，用户满意。

5.饲养与饲料

肥育期必须采用高营养平衡日粮，1 岁左右的架子牛阶段可多用青贮、干草和切碎的秸秆，当体重 300 kg 以上时逐渐加大混合精料的比例。1 岁左右的架子牛阶段可多用青贮、干草和切碎的秸秆；当体重 300 kg 以上时逐渐加大混合精料的比例；最后 2 个月要调整日粮，不喂含各种能加重脂肪组织颜色的草料，多喂能使脂肪白而坚硬的饲料，并提高营养水平，增加饲喂次数，使日增重达到 1.3 kg 以上。优质肉牛生产对饲料营养和饲养管理的要求较高。1 岁左右的架子牛阶段可多用青贮、干草和切碎的秸秆,当体重 300 kg 以上时逐渐加大混合精料的比例。最后 2 个月要调整日粮,不喂含各种能加重脂肪组织颜色的草料,如大豆饼粕、黄玉米、南瓜、胡萝卜、青草等。多喂能使脂肪白而坚硬的饲料,如麦类、麸皮、麦糠、马铃薯和淀粉渣等,粗料最好用含叶绿素、叶黄素较少的饲草,如玉米秸、谷草、干草等。并提高营养水平,增加饲喂次数,使日增重达到 1.3 kg 以上。

二、优质肉牛生产模式

(1)建立架子牛生产基地,生产优质肉牛,必须建立肉牛基地,以保证架子牛牛源供应。

(2)建立育肥牛场,生产优质肉牛应建立育肥牛场,当架子牛饲养到 12～20 月龄,体重达 300 kg 左右时,集中到育肥场育肥。肥育前期,采取粗料日粮过渡饲养 1～2 周。然后采用全价配合日粮并应用增重剂和添加剂,实行短缰拴系,自由采食,自由饮水。经 150 d 一般饲养阶段后,每头牛在原有配合日粮中增喂大麦 1～2 kg,采用高能日粮,再强度育肥 120 d,即可出栏屠宰。

【知识链接】

一、高档牛肉生产工艺流程

由于各国传统饮食习惯不同,高档牛肉的标准各异,但通常是指优质牛肉中的精选部分。高档牛肉占牛胴体的比例最高可达 12%。一头高档肉牛的高档牛肉仅占体重的 5%～6%,而其产值却占到 1 头牛总产值的 46%～47%。因此,其发展前景是非常广阔的。目前,我国肉牛和牛肉等级标准尚未统一规定,但已有很多高档牛肉的生产实践。高档牛肉一般包括牛柳、西冷和眼肉。高档牛肉生产技术要点主要包括高档肉牛肥育技术,高档牛肉冷却配套技术,分割技术操作规程和冷却保鲜技术等方面。

1. 高档牛肉的标准

(1)活牛　年龄在30月龄内；屠宰前活重在500 kg以上；膘情满膘(即看不到骨头突出点)；体型外貌为长方形，腹部不下垂，头方正而大，四肢粗壮，蹄大，尾根下平坦无沟，背平宽；手触摸肩部、胸垂部、背腰部、上腹部、臀部皮较厚，并有较厚的脂肪层。

(2)胴体　胴体体表覆盖的脂肪颜色洁白；胴体体表脂肪覆盖率80%以上；胴体外形无严重缺损；第12～13肋骨处脂肪厚10～20 mm，脂肪坚挺。

(3)牛肉的品质

嫩度：用肌肉剪切仪测定的剪切值，3.62 kg以下的，出现次数应在65%以上；咀嚼容易，不留残渣，不塞牙；完全解冻的肉块，用手指触摸时，手指易进入肉块深部。

大理石花纹：根据我国试行的大理石花纹分级标准应为1级或2级。

其他性状：多汁性，牛肉的质地松软，多汁而味浓；风味，具有我国牛肉鲜美可口的风味；肉块重量，每条牛柳2.0 kg以上，每条西冷5.0 kg以上；每块眼肉6.0 kg以上。

2. 屠宰工艺

(1)宰前处理　屠宰前先进行检疫，并停食24 h，停水8 h，称重，然后用清水冲淋洗净牛体，冬季要用20～25℃的温水冲淋。

(2)屠宰的工艺流程　电麻击昏→屠宰间倒吊→刺杀放血→剥皮(去头、蹄和尾)→去内脏→胴体劈半→冲洗、修整、称重→检验→胴体分级编号。测定相关屠宰指标后进入下道工序。

3. 胴体嫩化处理

牛肉嫩度是高档与优质牛肉的重要质量指标。嫩化处理又叫排酸或成熟处理，是提高嫩度的重要措施，其方法是在专用嫩化间，温度0～4℃，相对湿度80%～85%条件下吊挂7～9 d(称吊挂排酸)。这样牛肉经过充分的成熟过程，在肌肉内部一些酶的作用下发生一系列生化反应，使肉的酸度下降，嫩度极大提高。

4.胴体分割与包装

严格按照操作规程和程序，将胴体按不同档次和部位进行切块分割，精细修整。高档部位肉有牛柳(里脊)、西冷(外脊)和眼肉(牛体背部，一端与外脊相连，另一端在第5～6胸椎间)3块，均采用快速真空包装，然后入库速冻，也可在0～4℃冷藏柜中保存销售。

二、架子牛的选购标准

(1)品种的选择　选肉用的杂种牛增重快，饲料利用率高。

(2)年龄和体重的选择　杂种牛14～18月龄，黄牛18～24月龄，体重300 kg。

(3)性别的选择　公牛生长速度快，1年半屠宰选公牛，高档的牛肉选早去势的阉牛。

(4)体貌的选择　选择体型大、较瘦、背腰宽平、采食量大的牛。

【提交作业】

调查规范化肉牛育肥场，参与实习，提交优质肉牛生产技术要领报告。

【任务评价】

评价内容		评价标准分值	自我评分分值×20%	小组评分分值×30%	教师评分分值×50%
专业知识与技能	优质肉牛品种的选择	15			
	肥育期及出栏时体重	10			
	优质肉牛胴体品质要求	15			
	优质肉牛饲料种类及品质要求	15			
	搜集资料归纳优质肉牛生产技术	15			

续表

评价内容		评价标准分值	自我评分分值×20%	小组评分分值×30%	教师评分分值×50%
学习情境考核	学习态度	10			
	团队合作精神	5			
	规范操作情况	5			
	交流及表达能力	5			
	组织与协调能力	5			
	总分	100			
	得分				
	小组评语				
	教师评语				

工作任务二　优质肉牛饲养管理

【任务描述】

随着经济发展，人类食品结构发生很大变化，牛肉消费量增加，对牛肉的数量和质量也提出新的要求，优质肉牛生产技术，备受广大养牛者关注，采取什么样的技术模式生产优质肉牛，对优质肉牛饲养和管理技术进行归纳。本任务是使学生掌握肉牛饲养技术。

【任务情境】

走进规模化养牛场，观看和参与牛场的经营管理、在牛场技术员介绍经营管理模式后，制定该场的育肥牛饲喂和管理方案。

【任务实施】

一、肉牛饲喂技术

1. 饲喂时间

牛在黎明和黄昏前后，是每天采食最紧张的时刻，尤其在黄昏采草频率最大。因此，无论舍饲还是放牧，早晚两头是喂牛的最佳时间。

多数牛的反刍时间在黑夜进行，特别是天刚黑时，反刍活动最为活跃。因此，在夜间应尽量减少干扰，使其充分消化粗饲料。

2. 饲喂次数

肉牛的饲喂可采用自由采食或定时定量饲喂 2 种方法。我国肉牛专家蒋洪茂等的研究表明，犊牛、架子牛自由采食的饲喂效果均优于定时定量饲喂；定时定量饲喂时，无论是增重还是饲料报酬，每天饲喂一次的效果均最理想。目前，我国肉牛企业多采用每天饲喂 2 次的方法。

自由采食牛可根据其自身的营养需求采食到足够的饲料，达到最高增重，并能有效节约劳动力，一个劳动力可管理 100～150 头牛，同时也便于大群管理，适合机械化、电子化管理。而采用定时定量饲喂时，牛不能根据自身要求采食饲料。因此，限制了牛的生长发育速度。但饲料浪费少，粗饲料利用量高，并便于观察牛只采食、健康状况。

3. 饲喂顺序

随着饲喂机械化程度越来越高，应逐渐推广全混合日粮(TMR)喂牛，提高牛的采食量和饲料利用率。

不具备条件的牛场，可采用分开饲喂的方法。为保持牛的旺盛食欲，促其多采食，应遵循“先干后湿，先粗后精，先喂后饮”的饲喂顺序，坚持少喂勤添、循环上料，同时要认真观察牛的食欲、消化等方面的变化，及时做出调整。

4.饲料更换

在育肥牛的饲养过程中，随着牛体重的增加，各种饲料的比例也会有调整，在饲料更换时应采取逐渐更换的办法，应该有3～5 d的过渡期。在饲料更换期间，饲养管理人员要勤观察，发现异常，应及时采取措施。

5.饮水

育肥牛采用自由饮水法最为适宜。在每个牛栏内装有能让牛随意饮到水的装置，位置最好设在牛栏粪尿沟的一侧或上方。冬季北方天冷，只能定时饮水，但每天至少3次。

6.新引进肉牛的饲养

对新引进牛只饲养，重点是解除运输应激，使其尽快适应新的环境。

(1)及时补水　牛经过长距离、长时间的运输，胃肠食物少，体内缺水严重。因此，对牛补水是首要的工作。补水方法是：第一次补水，饮水量限制在15～20 kg，切忌暴饮，每头牛补人工盐100 g；间隔3～4 h后，第二次饮水，此时可自由饮水，水中掺些麸皮效果会更好。

(2)保持牛舍干燥、驱虫、健胃

驱虫：用硝氯酚每千克体重3～4 mg，一次口服，可驱除肝片吸虫；用驱蛔灵，每千克体重0.2 g口服，可驱除牛蛔虫；也可用敌百虫每100 kg体重4 g，左旋咪唑每100 kg体重0.8 g一次投服进行体内驱虫。

健胃：用健胃散(中药)对所有牛进行健胃，250 kg以下体重每头牛灌服250 g，250 kg以上体重灌服500 g，随着牛体的恢复和环境的适应，逐步添加精料。

(3)日粮逐渐过渡到育肥日粮　开始时，只限量饲喂一些优质干草，每头牛 4～5 kg，加强观察，检查是否有厌食、下痢等症状。第 2 d 起，随着食欲的增加，逐渐增加干草喂量，添加青贮、块根类饲料和精饲料，经 5～6 d 后，可逐渐过渡到育肥日粮。

(4)给牛创造舒适的环境　牛舍要干净、干燥，不要立即拴系，宜自由采食。围栏内要铺垫草，保持环境安静，让牛尽快消除倦躁情绪。

(5)分群　按照性别、大小、强弱进行分群，围栏时可 4～6 m^2/头。

(6)减少应激　减少应激，消除疲劳，铺上干净、柔软的垫草。

7. 育肥期的分阶段饲养

生产中常把育肥期分成两个阶段，即生长肥育阶段和成熟育肥阶段。具体饲喂方法是：

(1)生长肥育期　饲喂富含蛋白质、矿物质、维生素的优质粗料、青贮饲料，保持良好生长发育的同时，使消化器官得到锻炼。因为该阶段的重点是促进架子牛的骨骼、内脏、肌肉的生长；所以，此阶段精饲料喂量要限制，喂量为架子牛活重的 1.5%～1.6%。该阶段日增重不宜追求过高，每头日增重 0.7～0.8 kg 为宜。

(2)成熟肥育期　架子牛经生长肥育期的饲养，骨骼已发育完好，肌肉也有相当程度的生长。因此，此期的饲养任务主要是改善牛肉品质，增加肌肉纤维间脂肪的沉积量。因此，肉牛日粮中粗饲料的比例不宜超过 30%～40%，日采食量达到牛活重的 2.1%～2.2%，在屠宰前 100 d 左右，日粮中增加大麦粉或饲喂啤酒糟，进一步改善牛肉品质。肉牛生产过程中，最后脂肪的沉积程度，根据牛肉生产的需要来确定。高档牛肉生产，需要有足够的脂肪沉积。

二、肉牛管理技术要点

1.合理分群

育肥前应根据育肥牛的品种、体重大小、性别、年龄、体质强弱及膘情情况合理分群。采用圈群散养时，一群牛头数15～20头为宜。牛群过大易发生争斗，过小不利于劳动生产力的提高，临近夜晚时分群易成功，同时要有人不定时的观察，防止争斗。

2.及时编号

编号对生产管理、称重统计和防疫治疗工作都具有重要意义。编号可在犊牛出生时进行，也可在育肥前进行。采用易地育肥时，应在牛购进场后立即编号，并换缰绳。编号方法多采用耳标法。

3.定期称重

增重是肉牛生产性能高低的重要指标。为合理分群和及时了解育肥效果，要进行肥育前称重、肥育期称重及出栏称重。肥育期最好每月称重1次，既不影响育肥效果，又可及时挑选出生长速度慢甚至不长的牛，随时处理。称重一般是在早晨饲喂前空腹时进行，每次称重的时间和顺序应基本相同。由于实际称重较繁琐，所以生产中多采用估测法估测体重。

4.适当运动

在舍饲条件下，青年牛每天应至少有2 h以上的运动。一般采取自由运动。在放牧的条件下，运动时间一般足够。到肥育中、后期，每次喂完后，将牛拴系在短木桩或休息栏内，缰绳系短，长度以牛能卧下为宜，缰绳长度一般不超过80 cm，以减少牛的活动消耗，提高育肥效果。此期牛在运动场的目的，主要是接受阳光和呼吸新鲜空气。

5.每天刷拭牛体

随着肉牛肥育程度加大，其活动量越来越小。坚持每天上、下午刷拭牛体各1次，每次5～10 min。以保持牛体干净无污染，促进牛体血液循环，增加血液循环，提高代谢效率。

6.定期驱虫

寄生虫病的发生具有地方性、季节性流行特征，且具有自然疫源性。因此，加强预防尤为重要。肉牛转入育肥期之前，应做一次全面的体内外驱虫和防疫注射；育肥过程中及放牧饲养的牛都应定期驱虫。外购牛经检查健康后方可转入生产牛舍。下面提供预防肉牛寄生虫病的用药程序，仅供参考。

3月，丙硫咪唑口服，驱杀体内由越冬幼虫发育而成的线虫、吸虫及绦虫成虫。

5月，氨丙啉或磺胺喹啉口服，预防夏季球虫病发生。

6月，定期(可每周1次)用敌杀死等溶液喷雾进行环境消毒，以驱杀蚊蝇。

7月，丙硫咪唑口服，防治夏季线虫、吸虫及绦虫感染。

10月，阿维菌素口服或注服，预防当年10月至次年3月间牛的疥癣、虱等体外寄生虫病的发生，同时可杀灭体内当年繁殖的幼虫、成虫。

寄生虫病的治疗，要采取“标本兼治，扶正祛邪”的原则，采用特效药物驱虫和对症治疗。使用驱虫、杀虫药物要剂量准确、对症。在进行大规模、大面积驱虫工作之前，必须先小群试验，取得经验并肯定其药效和安全性后，再开展全群的驱虫工作。

7.加强防疫、消毒工作

每年春、秋检疫后对牛舍内外及用具进行消毒；每出栏一批牛，都要对牛舍进行一次彻底清扫消毒；牛舍、牛槽及牛场保持清洁卫生，牛舍每月用2%～3%的火碱水彻底喷洒一次，牛场大门口要设立消毒池可用石灰或火碱水作消毒剂。严格防疫卫生管理，谢绝参观；结合当地疫病流行情况，进行免疫接种。

8.适时去势

目前，国际上育肥牛场普遍采用不去势公牛育肥。2岁前的公牛宜采取公牛肥育、生长快、瘦肉率高，饲料报酬高；2岁以上的公牛及高档牛肉的生产，宜去势后肥育，否则不便管理，会使肉脂有膻味，影响胴体品质。如需要去势，去势时间最好在育肥开始前进行。无论有血去势还是无血去势，愈合恢复的时间大约在半个月，这期间牛的生长缓慢，而且只有正常恢复状况的牛只，方可进入育肥期。

9.及时出栏

判断肉牛最佳结束期，及时出栏，对提高养殖经济效益及保证牛肉品质都具有极其重要的意义。判断肉牛是否达到最佳肥育结束期，一般有以下几种方法：

(1)从肉牛采食量来判断　在正常肥育期，肉牛的饲料采食量有规律可循，即：①绝对日采食量随着肥育期的增加而下降，如下降量达正常量的1/3或更少；②按活重计算，日采食量(以干物质为基础)为活重的1.5%或更少。这时认为已达到肥育的最佳结束期。

(2)用肥育度指数来判断　利用活牛体重和体高的比例关系来判断，指数越大，肥育度越好。但也不是无止境的，据日本的研究认为，阉牛的肥育指数以526为最佳。具体计算方法：

$$\text{肥度指数}=\frac{\text{体重(kg)}}{\text{体高(m)}}\times 100\%$$

(3)从肉牛体型外貌和体重来判断　利用肉牛各个部位脂肪沉积程度进行判断，主要部位有：胸垂部脂肪的厚度，腹肋部脂肪的厚度，腰部脂肪的厚度，坐骨部脂肪的厚度，下肷部内侧、阴囊部脂肪的厚度，一般出栏体重良种及其杂种大于550 kg，小型黄牛400～450 kg。

判断的标准：

①必须有脂肪沉积的部位是否已有脂肪及脂肪量的多少；

②脂肪不多的部位如坐骨端、腹肋部、腰角部沉积的脂肪是否厚实、均衡。实践证明，当胴体皮下脂肪的厚度达到3.5 cm时，肉的大理石花纹等级最高，即肉的质量最好。

10. 做好妊娠母牛保胎工作

(1)给予孕牛适宜的环境，保持牛的健康。每天应对牛舍、牛床、牛体进行清洗、打扫，保持清洁卫生，并定期消毒。严格防疫，防止发生传染病。布氏杆菌病是预防的重点，一旦发生会引起孕牛流产。

(2)合理运动、使役。孕牛的牵引、驱赶、使役等要注意方法，不要过急、过快。孕牛产前1～2个月应停止使役。

(3)不混群饲养。孕牛应与其他牛分开单独饲养，防止顶架、爬跨等而造成流产。

(4)避免孕牛受到机械性损伤。生产中对孕牛应温和，合理调教，不能粗暴，防止滑倒、挤伤或碰伤。

【知识链接】

小白牛肉生产技术

所谓小白牛肉，是指犊牛从出生到出栏，经过90～100 d，完全用脱脂乳或代用乳饲养，不喂任何其他饲料，让牛始终保持单胃(真胃)消化和缺铁状态，体重达100 kg左右屠宰后获得的牛肉。牛肉呈白色，柔嫩多汁，味道极为鲜美，是牛肉中的上品。其价格是一般牛肉的8～10倍。因小白牛肉生产成本过高，目前我国生产还很少。其生产的具体方法是：

(1)犊牛选择　犊牛要选择优良的肉用品种、乳用品种、兼用品种或高代杂交牛所生的公牛犊。要求初生重为38～45 kg，生长发育快，身体健康，消化吸收功能强。

(2)育肥技术　犊牛出生后1周内，一定要吃足初乳。出生3 d后应与母牛分开，实行人工哺乳，每日哺喂3次。近年来多采用代乳粉(严格控制其中含铁量)饲喂，以降低生产成本。育肥期平均日增重0.8～1.0 kg。饲养方案如表6-1所示。

表6-1　小白牛肉生产方案　　kg

日龄/d	日喂乳量	需乳总量	日增重
10～30	6.4	192.0	0.80
31～45	8.8	133.0	1.07
46～100	9.5	513.0	0.84

(3)管理技术　牛栏多采用漏粪地板，不要接触泥土。圈养，每栏10头，每头占地2.5～3.0 m^2。舍内要求光照充足，干燥，通风良好，温度在15～20℃。

【提交作业】

结合实训的实际情况及学生个人的实习经历，实训写出生产过程中饲养方案的设计原则，阐述设计饲养方案与育肥牛的增重效果的关系，报告中应体现实训中出现的问题及处置方案。

【任务评价】

评价内容		评价标准 分值	自我评分 分值×20%	小组评分 分值×30%	教师评分 分值×50%
专业知识与技能	调查肉牛场育肥指标及效果	10			
	如何饲养新购肉牛	10			
	确定育肥牛饲喂时间和次数	10			
	育肥牛管理日程	15			
	判断肉牛出栏标准	10			
	安排合理的饲喂制度	15			
学习情境考核	学习态度	10			
	团队合作精神	5			
	规范操作情况	5			
	交流及表达能力	5			
	组织与协调能力	5			
	总分	100			
	得分				
	小组评语				
	教师评语				

工作任务三　优质肉牛肥育方案

【任务描述】

根据育肥牛生长发育规律，熟悉育肥牛的生产环节和饲养管理技术，选择优良的品种，根据体重和预期增重的要求，充分利用青贮饲料和酒糟料等粗饲料和精饲料，合理配制日粮，通过科学管理，在预定的时间内达到设计的出栏体重。

【任务情境】

随着社会经济的不断发展，高档优质牛肉的消费水平逐渐增长，在农产品价格较高的情况下，满足高档优质牛肉产量的问题，走科学的育肥方式是一条捷径。

【任务实施】

一、青贮料肥育肉牛

青贮玉米是肥育肉牛的优质饲料，青贮料制作方便，肥育效果好，不仅适用于青年牛的肥育，也适用于成年牛的催肥。

体重为 300～350 kg、日增重 1.0 kg 的青年牛以青贮饲料为主的日粮配方，见表 6-2。

表 6-2　青年牛青贮饲料为主的日粮配方　　kg

饲 料	第一阶段(30 d)	第二阶段(30 d)	第三阶段(30 d)
玉米青贮	30	30	25
干 草	5	5	5
混合精料	0.5	1.0	2.0
食 盐	0.03	0.03	0.03
无机盐	0.04	0.04	0.04

由于玉米青贮在日粮中分量大，饲喂中要从 10 kg 开始，经 1 周时间逐步达到计划定量。增重的高低取决于混合精料中豆饼（也可用棉籽饼、菜籽饼代替）的比例，如精料中豆饼占 50%以上，日增重可达 1.2 kg 以上。

二、酒糟肥育肉牛

一般选择体重 250 kg 左右的幼牛，北方常用玉米糟、啤酒糟等进行酒糟育肥，用酒糟育肥开始应有一段“适应期”，酒糟喂量要逐渐增加，开始时可用少量酒糟拌入少许食盐涂抹牛的口腔，以诱食；干草要铡短，将酒糟拌入，一起让牛采食，有利于牛的反刍；要定期补盐，以刺激牛的食欲；饲喂顺序应先喂酒糟，再喂精料，精料在七八成饱时拌入，以保证其旺盛的食欲和饱食；用酒糟喂牛应注意，酒糟要新鲜，温度适中；如发现牛体出现湿疹，膝部、球关节红肿、腹部膨胀等症状，应暂停喂给，适当增加干草喂量，以调整其消化机能。利用酒糟育肥不宜拖得过长，可育肥 6～9 个月。

现有 2 个方案供参考：

方案一：选择体重 300 kg 左右的牛，整个育肥期分 3 个阶段。

第一阶段（15～20 d），饲料配合比例为：酒糟 15 kg、干草 2.5 kg、玉米面 1 kg、尿素 50 g，每 5 d 喂一次食盐，每次 50 g；

第二阶段（30 d），饲料配合比例为酒糟 12.5 kg、干草3.5 kg、玉米面 1 kg、尿素 50 g，每 5 d 喂一次食盐，每次 50 g；

第三阶段（后期 45 d），饲料配合比例为酒糟 22.5 kg、干草 2.0 kg、玉米面 1 kg、尿素22.5 g，食盐每天一次，每次 50 g。

方案二：河北省三河县“养牛大王”李福成白酒糟肥牛方案。日粮配方见表 6-3。

表 6-3　酒糟育肥牛日粮组成　%

饲料种类	前期(20～30 d)	中期(40～60 d)	后期(20～30 d)
玉米	25	44	59.5
麦麸	4.5	8.5	7
棉籽饼	10	9	3.5
骨粉	0.3	0.3	—
贝壳粉	0.2	0.2	—
白酒糟	49	28	21
玉米秸粉	11	10	9

育肥牛精饲料给量为每日每头每 100 kg 体重 1～1.5 kg。此外，日粮中添加 0.002%～0.003%的瘤胃素及 0.5%的碳酸氢钠，每日每头喂 2 万 IU 维生素 A 及 50 g 食盐，以提高牛的食欲和消化能力。

三、混合精料肥育肉牛

即用高能日粮强度育肥。谷实类饲料催肥在我国只可短期采用，多用于出栏前的强度肥育和改善肉质，用于大型良种及改良牛效果较好，而一般黄牛品种饲料报酬低，不宜采用。精饲料的添加要逐渐进行，注意观察牛的消化情况，防止膨胀和腹泻。

方案举例：选择 1.5～2 岁、体重 300 kg 左右的架子牛，混合精料配比为：玉米 75%～80%，麦麸 5%～10%，豆饼 10%～20%，食盐 1%～2%，添加剂 1%。

第一阶段（15～20 d）：精、粗比为 40∶60，精饲料日给量 1.5～2.0 kg；

第二阶段(40～50 d)：精、粗比为 60∶40 或 70∶30，精饲料日给量 3.0～4.0 kg；

第三阶段(30～40 d):精、粗比为(70～80):(30～20),精饲料日给量4.0 kg。

氨化秸秆肥牛、甜菜渣肥牛、放牧肥牛等,也是肉牛肥育的好方法,在适宜的地区也应大力提倡和推广。

【知识链接】

提高肉牛的肥育效果技术措施

1.一般措施

(1)选好品种。应选择国外优良肉用公牛与我国地方品种母牛的杂交后代,三元杂交后代效果更好。

(2)利用公牛肥育。公牛的生长速度和饲料转化率明显高于阉牛,并且胴体瘦肉率高,脂肪少。如选去势牛,以3～6月龄早去势的牛为好。

(3)选择适龄牛肥育。应选1～2岁牛。

(4)抓住肥育的有利季节。春秋季气候温和肥育效果最好;夏季炎热,不利于牛增重。

(5)保证牛舍适宜的温度。温度对育肥牛饲料消耗和增重影响较大。牛舍最适宜的温度为10～20℃,牛舍平均温度低于7℃时,牛体产生热量增加,采食量加大,饲料利用率降低。舍温超过27℃时,牛体温升高,呼吸次数增加,食欲下降,食量减少,影响增重。所以,夏季应注意通风降温,冬季应注意防寒,使牛舍达到冬暖夏凉的要求。

(6)合理搭配饲料。按照肉牛生长发育的生理阶段,合理确定日粮各营养含量。

(7)注意饲料形态和调制。

(8)精心管理。肥育前要驱虫健胃,预防疾病。

2.特殊措施

(1)合理使用营养性埋植增重剂。

(2)调控瘤胃发酵、提高采食量:①利用矿物盐缓冲物质稳定瘤胃内环境。②使用有机酸稳定瘤胃内环境。③控制饲料养分在瘤胃的降解。④利用离子载体改变瘤胃挥发性酸的比例和减少甲烷产生量。

【提交作业】

每位学生上交论文,关于优质肉牛肥育方案,包括调查当地饲养肉牛品种,饲草饲料资源、肥育方法、技术手段及管理方法。

【任务评价】

评价内容		评价标准分值	自我评分 分值×20%	小组评分 分值×30%	教师评分 分值×50%
专业知识与技能	调查优质肉牛育肥饲料配方及饲料成本	10			
	调查育肥牛品种及育肥期日增重	10			
	调查育肥牛饲养管理方案	10			
	制定青贮料肥育肉牛方案	15			
	制定酒糟肥育肉牛方案	10			
	制定混合精料肥育肉牛方案	15			

续表

评价内容		评价标准 分值	自我评分 分值×20%	小组评分 分值×30%	教师评分 分值×50%
学习情境考核	学习态度	10			
	团队合作精神	5			
	规范操作情况	5			
	交流及表达能力	5			
	组织与协调能力	5			
	总分	100			
	得分				
	小组评语				
	教师评语				

工作任务四 商品肉羊肥育方案的制订和实施

【任务描述】

肉羊快速育肥能否达到预期的经济效益，不仅取决于肉羊科学饲养技术的运用程度，还取决于经营管理的好坏、商品肉羊肥育的方法、肉羊肥育方案。

【任务情境】

调查当地肉羊场育肥羊品种及育肥期日增重、调查育肥饲料配方及饲料成本、育肥饲养管理方案、育肥指标及效果、劳工费用等成本、根据调查的情况，计算该场本年的经济效益盈亏情况，根据实际情况着重就育肥的科学合理性给予建设性意见。

【任务实施】

一、肥育前的准备

1. 注重品种选择

要结合当地的生产实际，选择适应本地气候生态条件、生产性能高、产品质量好、饲养周期短、经济效益高的品种。

2. 肥育前的准备工作

(1)建好羊群圈舍　育肥羊舍要保证通风良好，卫生清洁，夏挡强光，冬避风雪。羔羊的圈舍应铺垫一些秸秆、木屑或其他吸水材料，以保持干燥。

(2)组织好肥育的羊群　为了使各类羊的肥育均能获得较好的效果和较高的效益，在肥育前将其按品种年龄、性别、体重、营养情况分群，目的是进行确定营养标准，合理配置日粮。

(3)去势　羊去势后，性情温和，饲养管理方便，容易育肥。但随着羔羊屠宰利用时间的提前，特别是一些晚熟品种或杂交种，若经济利用时间在初情期之前，可不去势。

(4)驱虫及防疫　对肥育羊进行健康观察，肥育前进行彻底驱虫，清除体外体内寄生虫，否则影响肥育效果。

(5)储备充足的饲草、饲料　储备充足的饲草、饲料，确保整个肥育期羊只不断草料和不轻易更换饲草、饲料。

二、育肥方式的选择

(1)放牧肥育　利用天然草场、人工草场或秋茬地放牧，是肉羊抓膘的一种育肥方式。

成年羊包括淘汰的公、母种羊，两年未孕不能繁殖的空怀母羊和有乳房炎的母羊，故适于放牧在禾本科牧草较多的草场。羔羊主要指断奶后的非后备公羔羊，适宜在以豆科牧草为主的草场放牧。成年羊放牧肥育时，日采食量可达 7～8 kg，平均日增重 100～200 g。

（2）混合肥育　放牧与舍饲相结合的育肥方式。它既能充分利用生长季节的牧草，又可取得一定强度育肥效果。放牧羊只是否转入舍饲肥育主要视其膘情和屠宰重而定。

（3）舍饲肥育　肥育的目标是提高日增重和饲料利用率。传统放牧肥育使羊损耗大量体能，导致饲料利用率、日增重降低和肥育期延长，结果是增加了养殖成本。因此，提倡舍饲育肥是高效养殖的重要措施之一。舍饲育肥要在保证充足青绿饲料或干草前提下，补饲矿物质和精料。

三、育肥管理

（1）进度与强度　绵羊羔育肥时，一般细毛羔羊在 8～8.5 月龄结束，半细毛羔羊 7～7.5 月龄结束，肉用羔羊 6～7 月龄结束，一般采用强度育肥，能获得较高的增重效果。

（2）日粮配合　日粮中饲料应就地取材，搭配上要多样化，精料和粗料比例以 45%和 55%为宜。肉羊育肥期间，每只每天需料量取决于羊只体况和饲料种类。但在以补饲为主时，精料的每日供给量一般是山羊羔 200～250 g，绵羊羔 500～1 000 g。如淘汰母羊每只每天需干草 1.2～1.8 kg，青贮玉米 3.2～4.1 kg，谷类饲料 0.3 kg，而当年羔羊为 0.5～1.0 kg，1.8～2.7 kg 和 0.45～1.4 kg。

育肥羊的饲料可以草、料分开，也可精粗料混合后喂给。粉粒饲料饲喂应适当拌湿喂羊。羔羊颗粒料直径 1～1.3 cm，大羊 1.8～2.0 cm。羊采食颗粒料育肥，日增重可提高 25%。

（3）饲喂与饮水　饲喂时避免羊只拥挤和争食，尤其要防止弱羊采食不到饲料。每天一般饲喂 2 次，每次投料量以吃净为好。饲料一旦出现湿霉或变质时不要饲喂。饲料变换时，精料变换应新旧搭配，在 3～5 d 换完；粗料换成精料应以精料先少后多、逐渐增加的方法，在 10 d 左右换完，自由饮水。

四、羔羊育肥

(一)羔羊早期育肥

羔羊早期生长发育快、胴体组成部分的增加大于非胴体部分，故此时育肥羔羊既能获得较高屠宰率，又能得到较大的饲料报酬。

1.5 月龄断奶的羔羊，可以采用任何一种谷物类饲料进行全精料育肥，但玉米等高能量饲料效果最好。

羔羊自由采食、自由饮水，饲料的投给最好采用自制的简易自动饲槽。在运动场内添设盐槽，槽内放入盐砖，让羔羊自由舔食。

(二)断奶后羔羊育肥

羔羊断奶后肥育是我国肉羊生产的主要方式，也是向工厂化高效肉羊生产过渡的主要途径。因为断奶后羔羊除小部分选留到后备群外，大部分要进行出售处理。一般对体重小或体况差的进行适度育肥，对体重大或体况好的进行强度育肥。

预饲期大约为 15 d，可分为 3 个阶段。第一阶段 1～3 d，只喂干草，让羔羊适应新的环境。第二阶段 7--10 d，从第 3 天起逐步用第二阶段日粮更换干草日粮，精粗比例 36∶64，第 7 天换完喂到第 10 天。第三阶段是 10～14 d，精粗比例 50∶50 预饲期于第15 天结束后，转入正式育肥期。

(1)精料型日粮仅适于体重较大的健壮羔羊肥育用，如初生重 35 kg 左右，经 40～55 d 的强度育肥，出栏体重达到 48～

50 kg。管理上要保证羔羊每只每日食入粗饲料 45～90 g，进圈羊只活重较大，绵羊为 35 kg 左右，山羊 20 kg 左右。进圈羊只休息 3～5 d 注射三联疫苗，预防肠毒血症，再隔 14～15 d 注射 1 次。保证饮水，从外地购来羊只要在水中加抗生素，连服 5 d。保持槽内饲料不出现间断，每只羔羊应占有 7～8 cm 的槽位。

(2)粗饲料型日粮可按投料方式分为两种，一种普通饲槽用，把精料和粗料分开饲喂；另一种自动饲槽用，把精粗料混合在一起饲喂。

(3)青贮饲料型日粮以玉米青贮饲料为主，可占到日粮的 67.5%～87.5%，不适用于肥育初期的羔羊和短期强度肥育羔羊，可用于育肥期在 80 d 以上的体型较小的羔羊。日增重要达到 110～160 g，羔羊每日进食量不低于 2.30 kg。

五、成年羊育肥

(一)成年羊育肥饲养方案

成年羊肥育时应按品种、活重和预期增重等主要指标确定肥育方式和日粮标准。育肥方式可根据羊只来源和牧草生长季节选择，目前主要的育肥方式有放牧与补饲混合型和舍饲两种。准备育肥期 7～10 d，适应环境饲料，并进行去势驱虫、注苗、灭癣、修蹄等，育肥期 2～3 个月，第 1 个月精料占 60%～65%，第 2 个月占 70%，第 3 个月占 80%，精料消化能在 12.56 MJ 以上，总蛋白 12%以上，钙、磷比例为 2.25∶1。

成年羊育肥周期一般以 60～80 d 为宜。底膘好的成年羊育肥期可以为 40 d，即育肥前期 10 d，中期 20 d，后期 10 d；底膘中等的成年羊育肥期可以为 60 d，即育肥前、中、后期各为 20 d；底膘差的成年羊育肥期可以为 80 d，即育肥前期 20 d，中、后期各为

30 d。

此法适用于有饲料加工条件的地区和饲养的肉用成年羊或羯羊。根据成年羊育肥的标准合理地配制日粮。成年羊舍饲育肥时，最好加工为颗粒饲料。颗粒饲料中秸秆和干草粉可占55%～60%，精料35%～40%。现推荐两个典型日粮配方供参考(表6-4、表6-5)。

表6-4　成年羊舍饲育肥日粮配方1

原料	比例/%	养分	含量/%
草粉	35.0	干物质	86.0
秸秆	44.5	粗蛋白质	7.2
精料	20.0	钙	0.48
碳酸氢钙	0.5	磷	0.24
		代谢能/MJ	6.897

表6-5　成年羊舍饲育肥日粮配方2

原料	比例/%	养分	含量/%
禾本科草粉	30.0	干物质	86.0
秸秆	44.5	粗蛋白质	7.4
精料	25.0	钙	0.49
碳酸氢钙	0.5	磷	0.25
		代谢能/MJ	7.106

无论采用哪种育肥方式，应根据羊的采食情况和增重情况随时调整饲喂量。成年肥育羊的饲养标准见表6-6。

表 6-6 成年育肥羊的饲养标准(每日每只)

(孟和,羊的生成与经营,2001)

体重/kg	风干饲料/kg	可消化能/MJ	可消化蛋白质/g	钙/g	磷/g	食盐/g	胡萝卜素/g
40	1.5	15.9～19.2	90～100	3～4	2.0～2.5	5～10	5～10
50	1.8	16.7～23.0	100～120	4～5	2.5～3.0	5～10	5～10
60	2.0	20.9～27.2	110～130	5～6	2.8～3.5	5～10	5～10
70	2.2	23.0～29.3	120～140	6～7	3.0～4.0	5～10	5～10
80	2.4	27.2～33.5	130～160	7～8	3.5～4.5	5～10	5～10

(二)成年羊育肥管理要点

1.选羊与分群

要选择膘情中等、身体健康、牙齿好的羊只育肥,淘汰膘情很好和极差的羊。挑选出来的羊应按体重大小和体质状况分群,一般把相近情况的羊放在同一群育肥,避免因强弱争食造成较大的个体差异。

2.安排合理的饲喂制度

成年羊只日粮的日喂量依配方不同而有差异,一般为2.5～2.7 kg。每天投料两次,日喂量的分配与调整以饲槽内基本不剩为标准。喂颗粒饲料时,最好采用自动饲槽投料,雨天不宜在敞圈饲喂,午后应适当喂些青干草(每只 0.25 kg),以利于成年羊反刍。

在肉羊育肥的生产实践中,各地应根据当地的自然条件、饲草料资源、肉羊品种状况及人力、物力状况,选择适宜的育肥模式进行羊肉的生产,达到以较少的投入,换取更多肉产品的目的。

【知识链接】

成年羊育肥的原理

进入成年期的羊是机能活动最旺、生产性能最高的时期，能量代谢水平稳定，虽然绝对增重达到高峰，但在饲料丰富的条件下，仍能迅速沉积脂肪。特别利用成年母羊补偿生长的特点，采取相应的肥育措施，使其在短期内达到一定体重而屠宰上市。实践证明，补偿生长现象是由于羊在某些时期或某一生长发育阶段饲草饲料摄入不足而造成的，若此后恢复较高的饲养水平，羊只便有较高的生长速度，直至达到正常体重或良好膘情。成年母羊的营养受阻可能来自两种状况：一是繁殖过程中的妊娠期和哺乳期，此时因特殊的生理需要，即便在正常的饲喂水平时，母羊也会动用一定的体内贮备（母体效应）。二是季节性的冬瘦和春乏，由于受季节性的气候、牧草供应等影响，冬春季节的羊只常出现饲草饲料摄入不足。

【提交作业】

调查当地肉羊品种、饲料资源及常见的育肥方法，分组讨论研究，提交育肥羊饲养管理方案论文。

【任务评价】

评价内容		评价标准分值	自我评分 分值×20%	小组评分 分值×30%	教师评分 分值×50%
专业知识与技能	确定育肥羊的品种类型	10			
	制定育肥前处理工作项目和日程	15			
	制定育肥的具体技术方案安排合理的饲喂制度	15			

续表

评价内容		评价标准 分值	自我评分 分值×20%	小组评分 分值×30%	教师评分 分值×50%
专业知识与技能	羔羊早期育肥的优点	10			
	早期断奶羔羊的强度育肥	10			
	提高成年羊育肥效益	10			
学习情境考核	学习态度	10			
	团队合作精神	5			
	规范操作情况	5			
	交流及表达能力	5			
	组织与协调能力	5			
	总分	100			
	得分				
	小组评语				
	教师评语				

项目七

牛羊场综合调查与分析

岗位能力

具有良好的沟通能力、对牛羊场信息的认知能力、对信息的处理和分析能力。

实训目标

通过实训，要求学生掌握牛羊场综合调查方法，合理设置调查项目，熟悉奶牛场、肉牛场、羊场的生产经营模式、建设规划、饲养管理、生产劳动管理、生产记录方法、牛群状况、疫病防治、环境保护、经济效益等情况，通过分析给出评价。

工作任务一　牛场综合调查与分析

【任务描述】

通过本次工作任务，学生能够合理设置对牛场的调查项目，编制牛场综合调查表,并根据学生编制的牛场综合调查表到牛场进行实地调查,最后根据调查结果进行分析。

【任务情境】

本任务首先由教师组织学生分组进行牛场综合调查表的编制,然后组织学生到牛场进行实地调查,调查结果的分析由学生在课外完成。

【任务实施】

一、牛场综合调查表的编制(表 7-1)

表 7-1　某牛场综合调查样表

调查项目	内容与要求	
1. 生产经营模式		
2. 建设规划	(1)牛场平面图	
	(2)牛舍结构类型	棚式、舍式、棚舍式
	(3)屋顶类型	单坡、双坡、平顶、钟楼、通风口形式
	(4)墙壁类型	开放式、半开放式、封闭式
	(5)牛舍材料	砖瓦、木板、金属板、人造复合板、保温材料
	(6)动物排列方式	单列、双列、三列、四列、六列、对尾、对头
	(7)通风方式	自然、通风机(型号)
	(8)夏季防暑方法	
	(9)冬季保温方法	
	(10)牛的固定方式	拴系、散栏
	(11)运动场规格	长、宽、牛均面积
	(12)牛均饲槽宽度	
	(13)消毒池(间)	设置,规格,方法

续表 7-1

调查项目	内容与要求	
3.饲养管理	(1)饲料种类	粗料和精料种类、比例,青绿饲料种类及供应情况
	(2)饲料来源	全部自给、部分自给(比例)、全部外购
	(3)饲料种植	种类、品种、产量、占需要量的比例
	(4)饲料贮存	草捆、青贮、黄贮、氨化、微贮
	(5)饲料加工	加工机械种类、加热、加湿、粉碎、混合
	(6)饲喂方法	机械/人工饲喂,时间、次数、顺序
	(7)饲料运输	车辆种类、载重量
	(8)饮水条件	水源,水质,用水量
	(9)刷拭情况	刷拭用具,时间,次数
	(10)修蹄与洗蹄	修蹄季节,次数;洗蹄次数,时间,药剂
	(11)清扫次数、时间、方法	
	(12)消毒方法	药品,用量,次数/月
4.奶牛场生产	(1)工作日程时间表	
	(2)挤奶场所	牛舍,挤奶厅
	(3)挤奶方法	手工/机械
	(4)挤奶机械	移动式/固定式
	(5)挤奶时间、次数	
	(6)乳房清洗、乳头消毒方法、药剂种类	

续表 7-1

调查项目	内容与要求	
4. 奶牛场生产	(7)乳产量	
	(8)原料乳预处理	冷却,过滤,贮存
	(9)市场营销情况	价格、产品流向、市场销量
	(10)年经济效益	产值、利润
5. 肉牛场生产	(1)工作日程时间表	
	(2)肉牛品种、杂交组合	
	(3)肥育类型、肥育期	
	(4)架子牛入场年龄、体重	
	(5)饲料种类、精/粗比	
	(6)出栏体重、屠宰率、净肉率	
	(7)市场营销	价格、产品流向、市场销量
	(8)年经济效益	产值、利润
6. 生产劳动管理	(1)行政管理岗位设置及各岗位人数	
	(2)各类饲养员人数及人均管理牛头数	
7. 生产记录方法	(1)一般人工记录与管理	
	(2)计算机管理	

续表 7-1

调查项目	内容与要求	
8. 牛群状况	(1)各种类型动物数(品种、血缘)	种公牛(冻精或胚胎)、成母牛、育成牛、青年牛、犊牛
	(2)犊牛饲养方法	开始哺喂初乳的时间,哺喂量;哺乳期全乳饲喂量,哺乳期;代乳料,开食料;去角时间和方法;去势时间和方法;断奶时间、断奶体重
	(3)产犊(成活)率	本年度出生犊牛总数/上年度末成年母牛数(%)
	(4)平均产犊间隔	总个体产犊时间(d)/产犊母牛总数
	(5)总受胎率	年内受胎母牛总数/年内平均母牛数(%)
	(6)育成牛情况	初配月龄,初配体重,初配体况评分,饲养方法,饲料特点
	(7)繁殖方法	①发情鉴定方法:人工观察/仪器检测 ②种公牛精液的来源、品种 ③胚胎移植:胚胎来源、品种、受体牛品种、妊娠率、产犊率、性别比例 ④冷配方法:一次发情输精次数,每次受孕平均所需输精次数、输精量 ⑤妊娠诊断方法:人工观察/仪器检测 ⑥淘汰率 ⑦犊牛死亡率 ⑧犊牛成活率

续表 7-1

调查项目	内容与要求	
9.疫病防治	(1)传染病发病情况	口蹄疫、布病、结核病、副结核病、气肿疽
	(2)免疫接种	疫苗种类、产地；接种时间、接种次数、免疫效果
	(3)常见病发病情况	乳房炎(临床性、隐性)、产后瘫痪、酮病、流产、内外寄生虫病等
10.环境保护	(1)牛场绿化情况	
	(2)排污处理方法	①粪尿分离 ②发酵 ③制作有机肥
	(3)环境监测方法	

调查人员：　　　　牛场负责人(签字)：　　　　调查时间：　年　月　日

二、实地调查

牛场的信息往往不是一个人能够完全掌握的，因此在实地调查过程中，应与牛场相关人员进行有效沟通，从不同岗位人员那里获得调查信息。

三、调查结果分析

根据调查结果，对奶牛场(肉牛场)的生产经营模式、建设规划、饲养管理、生产劳动管理、生产记录方法、牛群状况、疫病防治、环境保护、经济效益等内容做出分析。要求分析具有针对性，有理有据，并提出建设性意见。

【知识链接】

调查报告及格式

一、调查报告

调查报告是对某项工作、某个事件、某个问题，经过深入细致的调查后，将调查中收集到的材料加以系统整理，分析研究，以书面形式汇报调查情况的一种文书。调查报告有以下几个特点：

(1)写实性　调查报告是在占有大量现实和历史资料的基础上，用叙述性的语言实事求是地反映某一客观事物。

(2)针对性　调查报告一般有比较明确的意向，相关的调查取证都是针对和围绕某一综合性或是专题性问题展开的。

(3)逻辑性　调查报告离不开确凿的事实，但又不是材料的机械堆砌，而是对核实无误的数据和事实进行严密的逻辑论证。

二、调查报告的格式

1.标题要求

标题可以有两种写法。一种是规范化的标题格式，基本格式为"××关于××××的调查报告"、"关于××××的调查报告"、"××××调查"等。另一种是自由式标题，包括陈述式、提问式和正副题结合使用3种。陈述式如"××奶牛场情况调查"，提问式如"为什么奶牛场愿意采用TMR饲喂技术"，正副标题结合式，正题陈述调查报告的主要结论或提出中心问题，副题标明调查的对象、范围、问题，如"奶牛单产提升重在选种选配——××地区奶牛场选种选配调查"等。

2.调查的主要内容

调查时间：

调查地点：

调查对象：

调查方法：

调 查 人：

调查分工：（以小组形式调查的要求，小组人数不得超过3人）

3.报告正文

正文一般分前言、主体、结尾3部分。

(1)前言　有几种写法：第一种是写明调查的起因或目的、时间和地点、对象或范围、经过与方法，以及人员组成等调查本身的情况，从中引出中心问题或基本结论来；第二种是写明调查对象的历史背景、大致发展经过、现实状况、主要成绩、突出问题等基本情况，进而提出中心问题或主要观点来；第三种是开门见山，直接概括出调查的结果，如肯定做法、指出问题、提示影响、说明中心内容等。前言起到画龙点睛的作用，要精练概括，直切主题。

(2)主体　这是调查报告最主要的部分，这部分详述调查研究的基本情况、做法、经验，以及分析调查研究所得材料中得出的各种具体认识、观点和基本结论。

(3)结尾　结尾的写法也比较多，可以提出解决问题的方法、对策或下一步改进工作的建议；或总结全文的主要观点，进一步深化主题；或提出问题，引发人们的进一步思考；或展望前景，发出鼓舞和号召。

(4)落款　调查报告的落款要写明调查者单位名称和个人姓名，以及完稿时间。

【提交作业】

一个小组提交一份牛场综合调查表，学生根据小组提交的牛场综合调查表提交各自的纸质调查报告，并附牛场综合调查表。

【任务评价】

评价内容		评价标准 分值	自我评分 分值×20%	小组评分 分值×30%	教师评分 分值×50%
专业知识与技能	调查主题与调查项目的协调性	15			
	调查项目的可操作性	10			
	调查报告的格式	10			
	调查报告的分析与建设性意见	20			
	文档排版情况	15			
学习情境考核	学习态度	10			
	团队合作精神	5			
	交流及表达能力	10			
	组织与协调能力	5			
	总分	100			
	得分				
小组评语					
教师评语					

工作任务二　羊场综合调查与分析

【任务描述】

通过本次工作任务，学生能够合理设置对羊场的调查项目，编制羊场综合调查表，并根据学生编制的羊场综合调查表到羊场进行实地调查，最后根据调查结果进行分析。

【任务情境】

本任务首先由教师组织学生分组进行羊场综合调查表的编制，然后组织学生到羊场进行实地调查，调查结果的分析由学生在课外完成。

【任务实施】

一、羊场综合调查表的编制(表7-2、表7-3)

表7-2　羊场经营管理情况调查样表

<table>
<tr><td>场名</td><td colspan="2"></td><td colspan="2">通讯地址</td><td colspan="2"></td><td colspan="2"></td><td colspan="2"></td></tr>
<tr><td>法人代表</td><td colspan="2"></td><td colspan="2">联系电话</td><td colspan="2"></td><td colspan="2">邮编</td><td colspan="2"></td></tr>
<tr><td>羊场性质</td><td colspan="10">□国有　□民营　□中外合资　□股份制　□私有　□其他</td></tr>
<tr><td>主管部门</td><td colspan="10"></td></tr>
<tr><td>主要产品</td><td colspan="10">□肉用种羊　□商品肉羊　□毛用种羊　□商品毛羊　□奶用种羊
□商品奶羊　□其他活羊　□羊肉　□羊毛　□羊奶　□其他产品</td></tr>
<tr><td>羊群规模</td><td colspan="3">基础繁殖母羊</td><td colspan="3">（只）</td><td colspan="2">种公羊</td><td colspan="2">（只）</td></tr>
<tr><td rowspan="2">人员配置
（共计　人）</td><td>管理人员</td><td colspan="2">（人）</td><td>营销人员</td><td colspan="2">（人）</td><td colspan="2">技术人员</td><td colspan="2">（人）</td></tr>
<tr><td>饲养人员</td><td colspan="2">（人）</td><td>后勤服务</td><td colspan="2">（人）</td><td colspan="2">其他人员</td><td colspan="2">（人）</td></tr>
<tr><td>产品经营去向</td><td colspan="10"></td></tr>
<tr><td rowspan="9">生产投入</td><td colspan="3">项目</td><td colspan="3">数量</td><td colspan="4">投资（支出）/元</td></tr>
<tr><td colspan="3">饲料费用</td><td colspan="3"></td><td colspan="4"></td></tr>
<tr><td colspan="3">职工报酬（工资、奖金、福利、社保、劳保等）</td><td colspan="3"></td><td colspan="4"></td></tr>
<tr><td colspan="3">种羊引进（更新）</td><td colspan="3"></td><td colspan="4"></td></tr>
<tr><td colspan="3">药物、防疫费用</td><td colspan="3"></td><td colspan="4"></td></tr>
<tr><td colspan="3">生产管理费用</td><td colspan="3"></td><td colspan="4"></td></tr>
<tr><td colspan="3">其他费用</td><td colspan="3"></td><td colspan="4"></td></tr>
<tr><td colspan="3">总投入</td><td colspan="3"></td><td colspan="4"></td></tr>
</table>

续表 7-2

产品产值	产品项目	数量	产值(收入)/元
	种羊		
	商品羊		
	羊肉		
	羊皮		
	羊毛		
	羊奶		
	副产品		
	总收入		
主要经营管理措施			
管理成效及存在的问题			

调查人员： 羊场负责人(签字) 调查时间： 年 月 日

表 7-3 羊场建设情况调查样表

<table>
<tr><td>场名</td><td colspan="2"></td><td colspan="2">通讯地址</td><td colspan="2"></td></tr>
<tr><td>法人代表</td><td></td><td>联系电话</td><td colspan="2"></td><td>邮编</td><td></td></tr>
<tr><td rowspan="6">羊场自然生态条件</td><td colspan="6">经度： 纬度： 海拔：</td></tr>
<tr><td colspan="6">地势： 水源： 土质：</td></tr>
<tr><td colspan="6">年最高气温： 年最低气温： 平均气温：</td></tr>
<tr><td colspan="6">湿度： 无霜期(起止日期)：</td></tr>
<tr><td colspan="6">降水量(降雨和降雪)： 雨季：</td></tr>
<tr><td colspan="6">风力： 日照：</td></tr>
<tr><td>饲料来源情况</td><td colspan="6"></td></tr>
</table>

续表 7-3

<table>
<tr><td rowspan="7">分区占地及建筑投资情况</td><td>区域名称</td><td>占地面积/m²</td><td>建筑面积/m²</td><td>建筑材料(土木、砖木、砖石)</td><td>建设投资/元</td></tr>
<tr><td>经营管理区</td><td></td><td></td><td></td><td></td></tr>
<tr><td>生活服务区</td><td></td><td></td><td></td><td></td></tr>
<tr><td>生产繁殖区</td><td></td><td></td><td></td><td></td></tr>
<tr><td>疫病防治区</td><td></td><td></td><td></td><td></td></tr>
<tr><td>饲料种植及预留区</td><td></td><td></td><td></td><td></td></tr>
<tr><td>总计</td><td></td><td></td><td></td><td></td></tr>
<tr><td rowspan="7">生产繁殖用房情况</td><td>房舍类型</td><td>栋数/间数</td><td>建筑面积/m²</td><td>建筑材料(土木、砖木、砖石)</td><td>建设投资/元</td></tr>
<tr><td>种羊舍</td><td></td><td></td><td></td><td></td></tr>
<tr><td>幼羊舍</td><td></td><td></td><td></td><td></td></tr>
<tr><td>育成羊舍</td><td></td><td></td><td></td><td></td></tr>
<tr><td>商品羊舍</td><td></td><td></td><td></td><td></td></tr>
<tr><td>其他</td><td></td><td></td><td></td><td></td></tr>
<tr><td>总计</td><td></td><td></td><td></td><td></td></tr>
<tr><td>笼具设备建设投入/元</td><td colspan="5"></td></tr>
<tr><td rowspan="2">生产保障设备投入/元</td><td>饲料加工设备</td><td></td><td colspan="2">医疗及实验设备</td><td></td></tr>
<tr><td>办公用品及设备</td><td></td><td colspan="2">其他生产保障设备</td><td></td></tr>
<tr><td>生活保障设备投入/元</td><td colspan="5"></td></tr>
<tr><td colspan="2">本羊场建设原则、建设使用情况评价</td><td colspan="4"></td></tr>
<tr><td colspan="2">羊场建设中存在的问题</td><td colspan="4"></td></tr>
<tr><td colspan="2">羊场建设近期计划及远期规划</td><td colspan="4"></td></tr>
</table>

调查人员：　　　羊场负责人(签字)　　　调查时间：　年　月　日

二、调查结果分析

根据调查结果，对羊场的生产经营模式、建设规划、饲养管理、生产劳动管理、生产记录方法、牛群状况、疫病防治、环境保护、经济效益等内容做出分析。要求分析具有针对性，有理有据，并提出建设性意见。

【知识链接】

调查研究工作的方法

一、会议调查法和实地观察法

1. 会议调查法

是调查研究工作中常用的方法。召集一些了解详细情况的人员，用座谈或讨论的形式，请他们谈谈某些问题的情况和他们对此问题的认识，提出建设性意见。开调查会的好处是可以在短时间内了解到比较详细的情况，效率比较高。

开调查会一般应注意以下几个问题：

(1)选定适合参加调查的人员。参加调查会的人员应是熟悉情况的人员。如果对情况不熟悉，就不可能谈出真实的情况来，甚至会把调查者引向事物的反面。

(2)参加调查会的人员应尽可能挑选各个层次、各个行业或部门、不同年龄的人员，这样便于更广泛地了解各方面对某些问题的看法。

(3)调查会要有活泼、畅所欲言的氛围，主持调查会的人员要善于用坦诚的态度、民主的作风、轻松的语言、活泼的手势等谈话艺术，解除与会者的紧张心理，引导大家展开讨论。

(4)根据不同的情况，确定调查会的规模大小以及分几次开。有时事情较复杂，发言人较多，可以分开两次或多次，让参加座谈的人员都充分发表自己的意见；有时由于一些领导或权威人士的参加可能会使参加调查的人员紧张或拘束,不利于发表意见,主持人就可以分层次召开或个别征求领导及权威人士的意见。

(5)将调查的内容提前告诉参加会议的人员,请他们提前做好准备,防止调查会开始才提出议题的做法。

2.实地观察法

是指调查者有目的、有计划地运用自己的感觉器官或者借助科学的工具和手段,直接考察正在发生的现象。实地观察法是搜集非语言行为资料的首选方法。实地观察法的主要优点是,调查者能够在实地直接感和客观对象,所获取的是直接的、生动的、具体的感性认识,能掌握大量的第一手资料。但实地观察法所观察到的往往是事物的表面现象或外部联系,带有一定的偶然性。

二、文献调查法和测验调查法

1.文献调查法

是指通过对文献的搜集和摘取,以获得关于调查对象的信息。文献是指记录知识的信息资料,是调查资料的重要来源。对于社会现象的历史演变及发展趋势的研究等,文献资料就可能成为首要的资料来源。文献调查法的目的作用,在于充分了解事物的背景与概貌,以探求事物发展变化的规律。文献调查法往往是一种先行的调查方法。一般只能作为调查的先导,而不能作为调查结论的现实依据。

2.测验调查法

是一种充分体现民主精神的调查方法,可以充分了解群众对某问题的态度和意见。调查测验一般采取两种形式:

(1)走访调查　调查者通过抽样法,选定一定数量的调查对象,通过同他们面谈或电话联系等,了解他们的真实思想和意见。这种方式可以了解到与调查内容相关的其他内容。其缺点是容易使被调查者产生一些拘束,不愿谈出自己的真实想法来。调查测验选的对象越多，了解到的情况就越接近真实，调查测验挑选对象时应注意不要单调地选一种人，才能保证调查测验的广泛性和真实性。

(2)书面调查　一般采取无记名方式，调查者提出一些题目或调查内容，通过卡片、信函和问卷等书面形式分发给一定数量的群众，由群众自愿填写，然后收回，进行统计分析，由于采取无记名方式，群众没有任何政治或其他方面的压力，可以无所顾忌地把自己的真实想法提出来，因此这种方式可以了解到群众真实的心理和看法，对改进工作很有帮助，而且由于这种调查面广，增加了解调查的材料。

三、访谈调查法和资料调查法

1. 访谈调查法

是指调查者与被访者通过口头交谈的方式了解调查对象情况的方法。访谈调查法要求访谈者不仅要做法访谈前的各项准备工作，而且要善于进行人际交往，与被访谈者建立起基本的信任和一定的感情，熟练地掌握访谈中的提问、引导等技巧，并根据具体情况采取适当的方式进行面谈。

2. 资料调查法

即通过收集有关现成的书面资料，查阅各种历史档案，进行调查研究。这种方式简单易行，尤其对于不容易接触的东西或地方，通过这种方式就能获得一定的情况，资料调查法的缺点是收集到的资料是第二手资料，有时会由于其记录者的水平问题，使资料的真实性和可靠性受到影响，因此进行资料调查时，要认真核对资料，尽可能地掌握完整的资料。

四、统计调查法和实验调查法

1. 统计调查法

是利用固定统计报表的形式，把下边的情况反映上来，通过分析而进行的一种常用的调查研究方法由于统计报表的内容是比较固定的,因此可能通过报表分析出某项事物的发展轨迹和未来走势,如通过每月报表,可以分析出某个企业逐月产值完成情况,并能分析出比上年同期增减情况,还可预测出下一步的趋势。运用统计调查法,应注意几点:一是统计口径要统一,否则是不可比的;二是应以统计部门的数字为准,否则分析的依据难免有误;三是报表分析和实际调查相结合,不能就报表进行单纯分析,如对产值大幅度上升或下降的原因,报表中难以反映出来,只有通过实际调查才能形成完整概念。

2. 实验调查法

是指经过特殊安排,适当控制某些条件,使一定的社会现象发生,以提示其产生原因或规律的方法。其特点是:控制某种条件,较准确地了解有关现象的变化,深刻地掌握事物发展的规律,实验能否达到预期的目的,很大程度取决于能否有效地控制实验过程,尤其是取决于对实验因素的控制和对非实验因素的控制,实验调查法通常有两个方面的作用,一是可以达到一定的理论目的,即检验一定的假设;二是可以达到一定的实践目的,即对新的政策、措施或社会形态的合理性进行检验。

五、综合归纳法和问卷调查法

1. 综合归纳法

办公室工作人员在调查研究中可能会接触到很多零碎繁杂的情况,如果把这些情况不加整理地全给领导端上来,就不能达到整体研究的目的,因此,必须对这些情况加以整理,整理的办法之一就是综合归纳法。所谓综合归纳法就是把研究对象的各个部门、各个方面和各种因素联系起来考虑,通过考虑得到普遍性的、有规律的东西,形成多样性的统一,从整体上把握事物的本质和规律,综合归纳法是从特殊到一般的过程,并不是事物各个方面的各个部门的简单相加。综合归纳离不开分析研究。

2.问卷调查法

是指调查者运用统一设计的问卷并选定一定数量的调查对象了解情况或征询意见的方法。这种方法能突破时空的限制，同时进行大范围的调查，调查资料便于汇总整理和分析，资料较为可靠，能够用较小的人力物力消耗收到比较大的效果。

六、回溯分析法和典型调查法

1.回溯分析法

一般用在对某项决策效果的调查研究中，即在某项决策面临失效的情况必须重新决策时，就需要对原有决策的产生背景及决策本身进行客观分析，找出失误产生过程的原因，在此基础上纠正失误。回溯分析一般采取 2 种方法，一是从原有决策的起点开始，一步一步按事物发展顺序来进行，通过对当时决策背景、决策实施的每一步的演示，找出问题的症结。二是从决策的结果开始，倒着一步一步地进行分析，先摆出失误的后果，然后找出引起失误的原因，再找出更深层次的原因，直到找出最终的原因。回溯分析必须以充分的事实说话，不能想当然搞假设推理。

2.典型调查法

是指在一定范围内选具有代表性的特定对象进行调查的方法。这是调查中经常使用的方法，虽然是选择部门对象进行调查，但这些对象具有代表性，能够反映事物的本质特征，所以也能够达到认识事物总体的目的。典型调查必须注意对象的选择，如选择的对象不具有代表性，那么就很难得到对事物整体的正确认识。这就要求调查者根据调查的目的要求，详细了解所有调查对象的概况，认真加以分析比较，从中选择出具有代表性的对象，只有这样调查才能具有全面的代表意义。

以上介绍的调查研究的方法，只是一般常用的方法。这些方法在调查研究中使用时，并不是单一运用的，而是互相交错运用的。

【提交作业】

一个小组提交一份羊场综合调查表，学生根据小组提交的羊场综合调查表提交各自的纸质调查报告，并附羊场综合调查表。

【任务评价】

评价内容		评价标准 分值	自我评分 分值×20%	小组评分 分值×30%	教师评分 分值×50%
专业知识与技能	调查主题与调查项目的协调性	15			
	调查项目的可操作性	10			
	调查报告的格式	10			
	调查报告的分析与建设性意见	20			
	文档排版情况	15			
学习情境考核	学习态度	10			
	团队合作精神	5			
	交流及表达能力	10			
	组织与协调能力	5			
	总分	100			
	得分				
小组评语					
教师评语					

项目八

牛羊场建设项目的可行性论证

岗位能力

知道牛羊场建设应具备的条件；熟悉牛羊生产建设项目，掌握牛羊场经营管理的基本原理，能够进行牛羊场建设项目投资概算和经济效益分析；掌握牛羊场建设项目可行性报告的撰写。培养学生基本的牛羊生产统筹规划能力，自主搜集相关信息，开展实地调研的能力，为培养组织和筹划牛羊生产能力奠定基础；为学生成为牧场管理人员打下坚实的基础。

实训目标

能够进行牛羊场建设项目投资概算和经济效益分析；能够独立撰写牛羊场建设项目可行性报告。

工作任务一　牛羊场建设条件的准备

【任务描述】

要从事牛羊生产，首先要调研产品和市场需求，分析本地区牛羊行业现状，龙头企业发展，规模化养殖基地和产业化基本情况。然后根据自己资金、场地、技术水平和管理经验确定生产规模和饲养方式。饲养方式决定基础设施参数。新建牧场要充分考虑环境评估和环境保护。

【任务情境】

本任务可在规模化奶牛、肉牛、羊养殖场开展现场教学；也可以结合现代化养殖场影视资料给学生直观展示，学生自主搜集信息采取汇报展示学习成果。

【任务实施】

一、产品的市场供需调查和预测

建设牛羊场，首先应开展市场调查和预测，由于牛羊生产主要产品包括牛奶、羊奶、牛羊肉、皮毛制品等种类较多，理化特性、生产加工处理工艺、产品货架期不同，所以一定要充分考虑产品的销售渠道及市场需求状况。尤其是规模饲养奶牛首先要考虑附近有无乳品加工龙头企业收购原料奶；其次要考虑一定距离范围内的牛奶用户，通过对附近居民的数量和结构及居民收入水平、购买力、饮食习惯等的调查进行预测。此外，还要了解当地的牛奶销售价格。

二、生产经营方向

要确定牛、羊场的生产方向，首先，要了解市场的需求信息和国家有关宏观政策信息，以此为依据，预测国内外牛羊乳、肉、皮及其加工产品的市场发展情况及价格。其次，要根据场地、资金状况、饲料资源状况、产品销售渠道、品种资源情况、技术力量、生产设备、劳动者的职业和技术素质、防疫条件、机械化程度、社会化服务水平及信贷条件等情况来进行综合分析比较。养牛业主要方向有3个：一是奶牛生产，二是肉牛生产，三是种公牛生产。目前，我国的种公牛站一般都是由国家投资兴建，种质较好，技术水平高。一般牛场饲养种公牛的已十分少见。所以，在投资养牛业时主要是从前两者中选择。养羊业主要方向有：一是种羊场，二是肉用羊生产，三是毛、绒、皮用羊生产，四是奶山羊生产。

三、基础条件

1.选址与建设

选择符合要求的理想场址，并能合理地配置牛羊舍、房屋以及附属设施，对于开展养牛、养羊业有着重要意义。选择一个好的场址，需要周密考虑，通盘安排，要有长远的规划，要留有发展的余地，以适应今后牛羊业发展的需要；必须与农牧业发展规划、农田基本建设规划以及今后修建住宅等规划结合起来，必须符合兽医卫生和环境卫生的要求，周围无传染源，无人、畜地方病，适应现代化养牛、养羊业的发展趋势。选择场址应与当地自然资源条件、气象因素、农田基本建设、交通规划、社会环境等相结合。牛羊场应远离居民点，在住宅区下风头，在水源的下头。场址大小、间隔距离等，均应遵守卫生防疫的要求，并应符合配备的建筑物和辅助设备以及牛羊场远景发展的需要；牛场大小可根据每头牛所需面积（160～200 m^2），结合长远规划计算出来。牛舍及房舍的面积为场地总面积的10%～20%。羊场大小可根据每只羊所需面积，并结合长远规划计算出来。

2.设施与设备

牛场主要设施包括牛舍、运动场、凉棚、乳品处理间、精料加工室、干草棚及草库、青贮窖或青贮池、人工授精室、消毒池、兽医室、病牛舍、贮粪场和污水池、化粪池。羊场主要设施包括羊舍、草架、多用途栅栏、挤奶架、颈枷、磅秤及羊笼、堆草贮草圈、料仓。主要设备有饲料加工设备青贮设备、铡草机、饲料粉碎机、颗粒饲料机、联合收割机、饲料搅拌机、牧草收获机、粗饲料压粒压块机、秸秆调制设备，清粪设备、上料设备、药浴设备等自动化设备。

四、生产规模

只有经营方向对头，经营规模适度，才能进行养牛资源与生产的最佳配置，从而取得最佳效益。选择适度规模经营，即是“在一定条件下”选择最佳规模经营。此时其经营成本最小而效益最大。对于生产者来说，找到这个“适度规模”是至关重要的。

适度规模经营的决策，一般都采用效益盈亏平衡点分析法，又称为保本点分析法。

运用盈亏平衡分析法确定适度规模，首先要将生产成本划分为固定成本和变动成本。固定成本是指不受产量和销售变化所影响的那部分成本，包括基本工资、管理费和固定资产折旧费等。变动成本是指畜禽产品的直接成本而言，如饲料成本、购买畜禽的成本和其他物质消费成本等，这些成本都随产量、销售量和价格的变化而变化。即

$$总成本=固定成本+变动成本$$

(1)首先找出保本点规模　用产出指标确定规模时，企业的产出量不应低于盈亏临界点产量。

$$促销点产销量=\frac{固定成本}{单位产品售价-单位产品变动成本}$$

如果企业根据历史的或已知的资料计算出单位产品变动成本,即可利用上式确定保本点产量,它是畜牧业生产规模的下限。

(2)确定安全规模临界点产销量 根据盈亏平衡分析法,企业的经营安全率一般要在30%以上,其经营状态才是安全的。因此,我们把经营安全率为30%的产量或销售量,称为"安全规模临界点"产销量。

经营安全率是反映企业经营状况的重要指标。经营安全率越大,盈利的安全性越大。一般可按表8-1数值判定畜牧企业的经营安全状态。

表8-1 企业经营安全状态的数值

经营安全率	30%以上	25%~30%	15%~25%	10%~15%	10%以下
经营状态	安全	较安全	不太安全	要小心	危险

根据

$$经营安全率=\frac{现实产销量-保本点销产量}{现实产销量}\times 100\%=30\%$$

得出,现实产销量$=\frac{10}{7}$保本点产销量,即产量或销量必须在$\frac{10}{7}$保本点产销量以上,才能有较稳定的经济效益。

(3)最大可能销售量规模 最大可能销售量规模是指企业经过开拓市场,或是社会需要量增大之后,给企业提供的最大可能的销售量决定的规模。它应是养牛企业生产规模的上限。

(4)现有条件下的最大生产能力 现有条件下的最大生产能力是指一个生产单位,根据已有的资金、技术、设备、管理能力等而具备的最大生产能力。在现有条件下,固定费用不变,产量越大,则单位成本越低。而产量只能增加到最大生产能力允许的量上。如果最大可能的生产能力生产的产品都能正常销售出去,则此时发挥了企业最大生产能力，也可将其视为适度规模。

当然，这里无论是最大生产能力，还是最大销售量，作为最佳规模，它的生产量起码应在经营安全率为30%的产量以上。如果低于这个产量，就不能保证有稳定的盈利，当然就更谈不上最佳规模了。

（5）制订目标利润的生产规模　有目标利润的生产量可按下面公式计算：

$$\text{实现目标利润的产销量}=\frac{\text{固定成本}+\text{目标利润}}{\text{单位产品售价}-\text{单位产品变动成本}}$$

这个产量应低于或等于生产单位的最大可能销售量，否则，目标利润无法实现。

五、饲养方式

在牛场的筹划过程中，一旦确定了生产经营方向和规模以后，就要进一步考虑以什么方式进行饲养，从而使各项准备工作更有针对性。同时，也为下一步的牛场建设打下基础。

（一）肉牛的饲养方式

选择肉牛饲养方式要根据饲养规模及现有基础条件因地而宜。主要有以下3种方式：

1. 舍饲方式

舍饲饲养根据拴系与否又有下面两种喂养形式。

拴系饲喂方式：是用缰绳将牛在舍内拴成一排，位置固定，食槽是连续式的通槽。优点是能造成牛的错觉而竞争采食，同时减少运动，有利于牛增重。

散放饲喂方式：以10～15头牛为一圈散放在舍内，每头牛占有面积4 m^2 左右，多头牛共用一个食槽，昼夜有料，自由采食和饮水。其优点是省劳力，易管理，牛易争食，增重效果较好。

2.半舍饲半放牧方式

多用于繁殖母牛群,可利用春、夏、秋季节放牧饲养,冬季改为圈养。育肥牛一般在前期放牧育肥,后期圈养强化育肥。该方式适于家庭小规模饲养。

3.放牧饲养方式

主要适于大饲养场和广大牧区。利用天然草场、草山和草坡放牧饲养,不喂或少喂精料,降低饲养成本,节省人工。放牧一般主要是在春、夏、秋三季进行。牛群大小应根据地区特点和条件而定,宽敞草场以100~120头为宜,山区草场以20~30头好。

放牧饲养方法主要有固定放牧和轮牧两种。固定放牧是最粗放的饲养方法,春季将牛群赶进牧场,一直到秋季。轮牧是先将草场划成放牧场和割草场,再将放牧草场划分为若干小区,然后依小区的数目和放牧的持续时间在各小区轮流放牧。轮牧次数应根据草场类型、气候和管理条件而定,一般草场每年可轮牧2~4次,差的草场可轮牧2次。

(二)奶牛的饲养方式

奶牛在舍饲条件下,主要有以下3种饲养方式。

1.拴系饲养

作为较为传统的饲养方式,在我国应用非常普遍,尤其是中小型奶牛场。这种饲养方式的主要特点是每头牛都有固定的牛床,除运动外,饲喂、饮水和挤奶都在此牛床位完成。这种饲养方式的优点是,可以针对个体进行细致的饲养管理、繁殖配种,疾病的发现和治疗等非常方便,容易发挥奶牛个体的生产潜力,对饲养人员定额管理也比较容易。缺点是不利于机械化,劳动生产率低,劳动强度大,每个饲养员只能管理10~15头奶牛,在我国目前劳动力成本较低的情况下有一定优势。而在劳动力成本较高的英美等发达国家,拴系式饲养仅对少于70头奶牛的小牧场最为合适,超过这个规模,散放或散栏饲养则更为经济。

2. 散放饲养

20 世纪 60 年代,欧美国家开始出现一种完全散放式的饲养方式。这种饲养方式比较适合干燥温暖地区。奶牛可以完全自由活动,采食、运动在同一区域。采用这种饲养方式的优点:牛群规模容易调整;奶牛容易获得新鲜的空气和充足的光照;牛舍造价较低,设备投资少,劳动力需求少。其缺点:管理粗放,尤其是牛体卫生较差,生产效率不高,效益并不理想。

3. 散栏饲养

随着饲养设备的机械化,饲料供应、粪便处理及挤奶等工艺环节均可依靠设备自动处理。结合拴系式饲养和散放饲养的优势,出现了散栏饲养(即隔栏式散放饲养)。这种方式是将奶牛的生产区划分为饲喂区、休息区、待挤区和挤奶区等,用于集中进行某一生产环节。根据生产阶段和生产性能将奶牛分群,除了在挤奶和饲喂时根据需要对奶牛进行一段时间的固定外,其余时间均任其自由活动。散栏饲养的最大特点是在奶牛休息区设置自由卧栏,牛舍空间利用更合理高效。散栏式饲养的优点是,便于针对群体饲养,便于实行机械化和自动化,养殖规模容易调整,易于保持牛体干净。同时,也更有利于控制环境温度。缺点是在强调了群体生产水平发挥的同时,不易做到个别饲养。因此,对体型外貌、生产力水平相对一致的牛群最为有利。

(三)肉羊的肥育方式

肉羊的肥育是为了在段短期内用低廉的成本获得质优量多的羊肉。其肥育方式可依据当地畜牧资源情况、肉羊的品种、生产技术水平、养羊设施及自然生态条件综合考虑。国内目前采用的肥育方式主要有放牧肥育、舍饲肥育和混合肥育 3 种。

1. 放牧肥育

放牧肥育是草原畜牧业采用的基本肥育方式。这种方式的特点是:能充分利用天然的植物资源,较好地满足羊的营养需要;

空气清新，光照充足，羊只可获得较多的维生素D，有利于促进羊的骨骼健壮和生长发育；利用了天然草场和人工草场，节省了劳力，降低了生产成本。

2. 舍饲肥育

这是根据肉羊生长发育规律，按照饲养标准及饲料营养价值，配制肥育日粮，羊只完全在舍内饲喂、饮水的一种肥育方式。此方式与放牧肥育相比，饲料的投入相对较高，但羊只增重快，胴体重，出栏早，经济效益高，适合于饲料资源丰富的农区使用。

3. 混合肥育

混合肥育是放牧与补饲相结合的肥育方式。这是一种既能利用夏季牧草生长茂盛进行放牧肥育，又可利用各种农副产品及少许精料进行补饲或后期催肥的肥育方式。

放牧兼补饲的肥育可采取两种途径：一种是在整个肥育期自始至终全天放牧并补饲一定数量的混合精料和其他饲料，前期以放牧为主，舍饲为辅，少量补料，后期以舍饲为主，多量补料，适当就近放牧；另一种是前期安排在牧草茂盛季节全天放牧，当进入秋末冬初季节再转入舍饲并依据饲养标准配合营养丰富的日粮。

(四)奶山羊的饲养方式

我国奶山羊的饲养方式分为放牧、舍饲和半放牧半舍饲3种。

1. 放牧饲养

放牧饲养是一种比较原始而粗放的饲养方式，多为地广人稀的天然草原地区和丘陵山区采用。放牧饲养的奶山羊，其生长、产奶受自然条件、季节和牧草盛衰的影响很大，管理简单粗放，生产水平低，不利于提高产奶量，且常会发生畜草矛盾，需要与草场改良，贮草越冬和补饲精料相结合，才能收到较好的经济效益。

2.舍饲

舍饲方式多为缺乏放牧地的农区采用的一种饲养方式。此法肥育的奶山羊,往往由于缺乏运动,影响食欲,体质较弱。如羊圈狭小,常因通风不良引起各种疾病。现代舍饲的奶山羊,多表现腿短、胸狭、体质纤弱、体格小、肌肉厚、使用年限短等现象。因此,对圈养的奶山羊,除按不同生理阶段补给一定数量的优质草料外,要尽量创造运动条件,采取系留放牧或进行定时的驱赶游走运动。

3.半放牧半舍饲

半放牧半舍饲是饲养高产奶山羊最理想的方式。早上补饲草料后出牧,到傍晚收牧后回羊舍再补饲。采用这种方式饲养的奶山羊,运动适当,营养全面,因此发育良好,一般体格较大,肌肉薄,腿高,胸宽,腰大,腹大,采食量大,体质结实,体型清秀,符合奶用动物要求健康、高产、稳产的条件。对于泌乳母羊,放牧地不宜过远,一般不超过 2.5 km,否则体力消耗太大会影响泌乳。

(五)绒山羊的饲养方式

1.放牧饲养

合理地组织羊群,既能节省劳力,又便于羊群的管理。一般要根据不同地区不同的放牧条件,按羊性别、年龄来组织羊群。

牧区和草场面积大的地区,一般以繁殖母羊和育成母羊 200～250 只为一群,去势育肥的公羊 150～200 只为一群,种公羊 80～100 只为一群。

农区一般没有大面积草场,羊群放牧多利用地边、路边、林地、河堤,放牧受到一定限制,羊群不宜过大。繁殖母羊和育成母羊 30～50 只为一群,去势育肥公羊 20～40 只为一群,种公羊 10 只左右为一群。农牧区和丘陵山区可视放牧条件而定。

2. 舍饲

绒山羊舍饲是近几年兴起的一种饲养方式，它不受牧场的大小和好坏的限制，在农区和牧区都可以饲养，是一种符合群众要求、适应生态建设需要的饲养模式。舍饲饲养包括羊舍建设、饲养设施、饲草饲料加工设施、饲养管理技术、繁殖技术、饲料生产和调制技术、羊病防治技术等方面。而饲料生产与调制技术是绒山羊舍饲技术中的关键。

六、资源条件分析

1. 品种资源

牛羊生产中要想获得理想的经济效益，首先要有充足的优良牛羊品种。奶牛场在生产开始时要以引进良种牛为主，以后逐渐过渡到以改良本地牛为主。在肉牛生产上，可以用国内的一些优质黄牛品种，与国外引进的良种肉牛进行杂交改良。养羊生产主要是用国内的一些优质羊品种，与国外引进的良种羊进行杂交改良。

2. 饲料资源

饲料是养殖最基本的条件。牛羊是以粗饲料为主的草食家畜，每天都需要采食大量的饲草，所以建牛场一定要有丰富的饲料资源作保证。为此，要了解当地或附近能否种植牧草和青饲玉米，有无野青草资源、农作物秸秆、粮食或其他作物加工的副产品可以利用。为节省运输费用，粗饲料最好就近取材。若按亩产粗饲料 6 000 kg 计算，则每头奶牛年需耕地 2 000 m^2。

3. 资金

发展牛羊业需要的资金量较大，特别是奶牛业，相对于饲养其他家畜来讲，资金周转率较低，生产周期较长，因此，一定要有必要的资金保证。

七、生产技术路线和技术水平

(一)生产技术路线

1. 奶牛标准化生产技术流程(图 8-1)

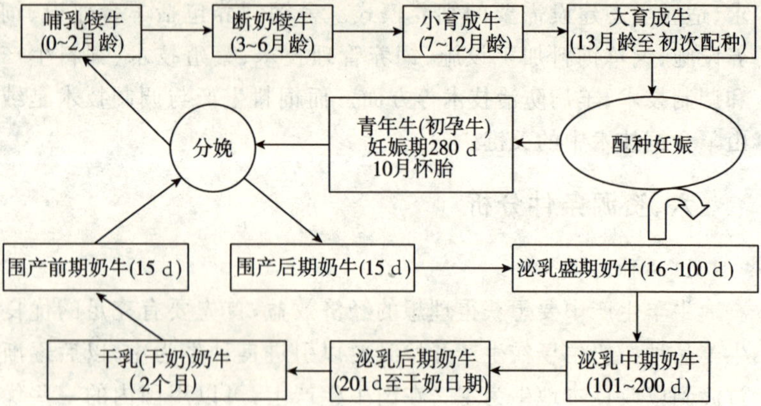

图 8-1　奶牛标准化生产技术流程

2. 肉牛标准化生产技术流程(图 8-2)

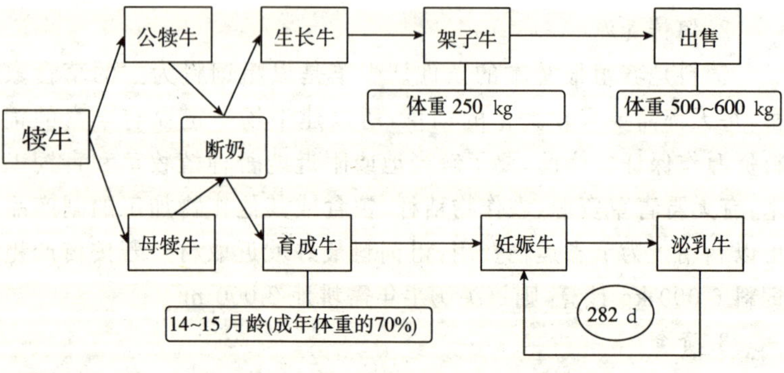

图 8-2　肉牛标准化生产技术流程

3. 羊标准化生产技术流程(8-3)

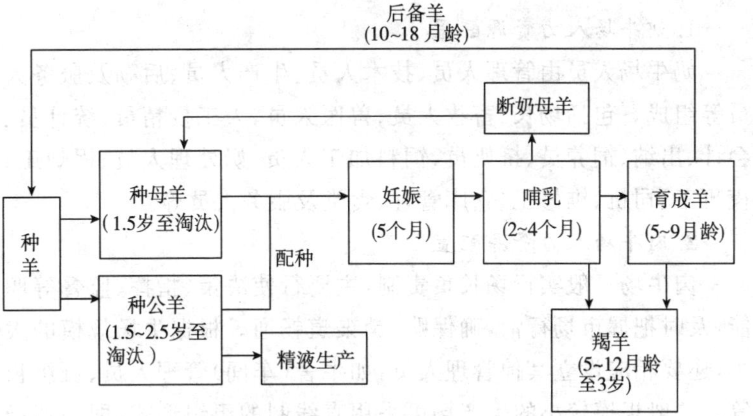

图 8-3 羊标准化生产技术流程

(二)技术水平

牛羊生产是一门科学,只有根据牛羊的生长发育规律和消化生理特点,施以科学的饲养管理技术,才能获得最佳的经济效益。例如,要使牛羊保持旺盛的食欲、良好的繁殖性能、健康的机体和持续的高产稳产状态,就一定要有先进的技术作保障。同时要注意采用国内外先进的场舍环境控制技术、饲料加工调制技术、遗传改良等综合配套技术。

八、生产的社会化服务体系

社会经济条件好,社会化服务程度高,价格体系健全,对规模化牛羊生产有利。社会化服务项目主要包括产前的市场信息、产中的技术指导与疫病防治及产后的产品销售等。

九、人力资源配置

1.奶牛场人力资源配置

奶牛场人员由管理人员、技术人员、生产人员、后勤及服务人员等组成。包括场长、畜牧人员、兽医人员、人工授精员、统计员、会计、出纳、饲养员、挤奶员、饲料加工人员、奶处理人员、锅炉工、夜班工、司机、维修工、仓库管理、食堂及服务人员等。

2.肉牛场人力资源配置

肉牛场一般实行场长负责制,主要行使决策、指挥、监督等职能,及时把握市场行情,确保购、销渠道畅通。根据牛场规模的大小,还要相应设立其他管理人员,如牛舍(车间)管理人员、班组长等。一般规模较小的生产场可采用直线制的组织形式,即一切指挥和管理职能基本上都由场长自己执行,不设专门的职能机构,只有少数职能人员协助场长进行工作。对于较大规模的肉牛场,由于管理环节增多,工作复杂,因此宜采用职能制的组织形式,即场长下设专门的职能部门和人员,把相应的职责和权力交给职能部门,各职能部门在其职能范围内有权直接指挥下级单位。

3.羊场人力资源配置

羊场人员是由管理人员、技术人员、生产人员、后勤及服务人员等组成。具体岗位有:场长、会计、出纳、畜牧技术员、兽医、人工授精员、统计员、饲养员、饲料加工员、锅炉工、夜班工、司机、维修工、仓库保管员及其他服务人员。目前,我国农村有大量的剩余劳动力,可以办规模家庭饲养场,既可利用劳动力,又可提高农民收入。同时,应该培养和引进技术人员,提高牛场生产技术水平。

十、环境保护措施

(1)粪污处理　水处理科学,不造成污染,并利于环保。牛羊粪处理体现种养结合的生态农业或生态工程之路。

(2)病死牛羊无害化处理　对病死牛羊均采取深埋等方式进行无害化处理,有病死牛羊无害化处理痕迹和记录。

(3)场区绿化　场内绿化体现遮阳、改善小气候和美化环境。

【知识链接】

牛羊场建设和环境控制技术

牛羊场污物处理措施主要有以下几种方法:

1. 土地还原法

根据我国的国情,在今后相当长时期,牛羊粪尿仍以无害处理还田为根本出路。牛羊粪尿经土壤、水和大气等物理、化学及生物形式的分解、稀释和扩散,逐渐得以净化,并通过微生物、动植物的同化作用和异化作用,又重新形成动、植物的糖类、蛋白质和脂肪等,从而再度变为饲料。

2. 发酵法

将奶牛粪尿进行厌氧发酵处理,不仅净化了环境,而且可以获得生物能源沼气,同时通过发酵后的沼渣、沼液把种植业、养殖业有机结合起来,形成一个多次利用、多层增值的生态循环系统,目前世界许多国家广泛采用发酵法处理牛场粪尿(图 8-4)。以

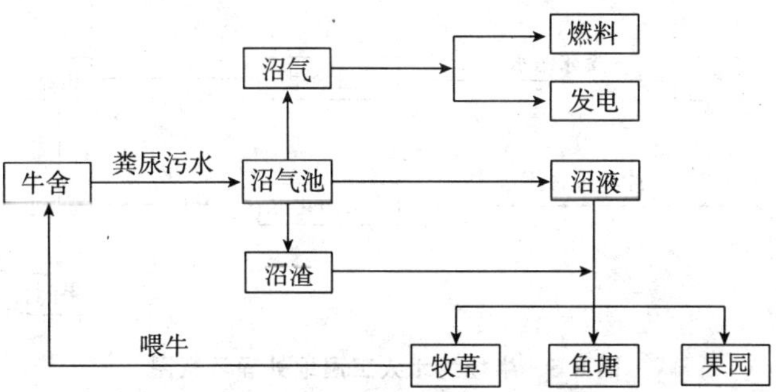

图 8-4　牛场粪尿厌氧发酵处理示意图

1 000头奶牛场为例,牛场的粪尿利用沼气池或沼气罐厌氧发酵,

1 m^3 牛粪尿可产生多达 1.32 m^3 沼气(采用发酵罐),产生的沼气可供应 1 400 户职工烧菜做饭,节约生活用煤 1 000 多 t。粪尿经厌氧发酵后的沼渣含有丰富的氮、磷、钾及维生素,是种植业的优质有机肥。沼液可用于养鱼或用于牧草灌溉等。

3. 人工湿地处理

目前,加拿大、澳大利亚和新西兰,用数以百计的天然湿地和人造湿地来处理污水。人工湿地通常有 3 个因素构成:水生植物、微生物和基质。水生植物扎根于土壤中或沙砾等基质中,基质支持着水生植物,水生植物根系发达,又为各种微生物提供了良好的生存环境。经人工处理后的粪尿污物生化耗氧量及悬浮固体物、氨、总氮和总磷含量均有明显降低。

人工湿地处理可与鱼塘结合,提高污物净化效果。即人工湿地上种有水生植物(水葫芦、细绿萍),水生植物根系吸附的微生物以污水中有机物质为食物而生存,它们排泄的物质又成为水生植物的养料,水生动物、菌藻以及水生植物再作为鱼的饲料。这样通过微生物、水生植物及鱼的共生互利作用,使污水得以净化(图 8-5)。高浓度有机粪水在水葫芦池中经 7~8 d 吸收净化,有机物质可降低 82.2%,有效态氮降低 52.4%,有效磷降低 51.3%。

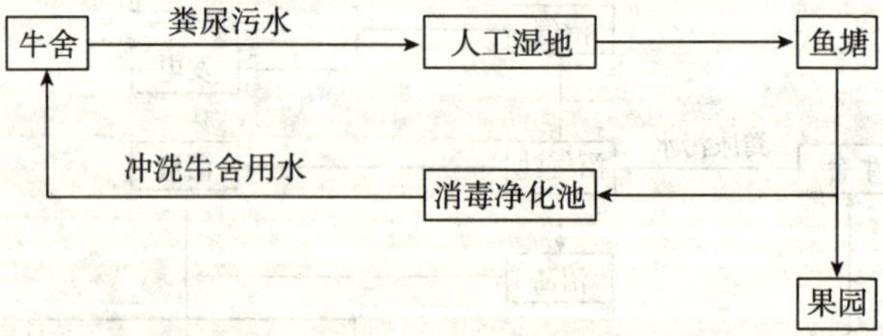

图 8-5　牛场污水人工湿地处理示意图

4. 生态工程处理

通过分离器或池将固体厩肥与液体厩肥分离,固体厩肥作为有机肥还田或作为食用菌(蘑菇)培养基,液态厩肥进入沼气厌氧发酵池。通过微生物→植物→动物→菌藻的多层生态净化系统,使污水污物得以净化。净化后的水达到国家排放标准,可排放到江河,回归自然或直接回收用于冲刷牛舍等。

此外,牛羊场的污物还可以通过干燥处理、粪便饲料化应用以及营养调控等措施进行控制。

【提交作业】

做一个规模化牛场或者羊场的前期建设调研报告。

分析评价现有的规模化牛场或者羊场,指出其优势和不足。

【任务评价】

<table>
<tr><th rowspan="2">考核方式</th><th rowspan="2">考核项目</th><th colspan="2">评分标准</th><th rowspan="2">考核方法</th><th rowspan="2">考核分值</th><th rowspan="2">熟悉程度</th></tr>
<tr><th>分值</th><th>扣分依据</th></tr>
<tr><td>学生互评</td><td>提交成果</td><td>20</td><td>根据小组代表发言、小组学生讨论发言、小组学生答辩及小组间互评打分情况而定</td><td rowspan="4">操作考核</td><td></td><td>群体参与</td></tr>
<tr><td rowspan="3">小组考核评价</td><td>产品的市场供需调查和预测</td><td>10</td><td>产品市场需求不明朗扣1分;产品价格未调查清楚扣2分;未进行预测扣2分</td><td></td><td>基本掌握/熟练掌握</td></tr>
<tr><td>生产经营方向</td><td>10</td><td>经营方向不明确扣1分;未考虑结合当地实际情况扣1分</td><td></td><td>基本掌握/熟练掌握</td></tr>
<tr><td>基础条件</td><td>5</td><td>选址与建设不合理扣2分;设施与设备有缺失不合理扣2分</td><td></td><td>基本掌握</td></tr>
</table>

续表

考核方式	考核项目	评分标准		考核方法	考核分值	熟悉程度
		分值	扣分依据			
小组考核评价	生产规模	5	生产规模计算错误扣2分	操作考核		基本掌握
	生产技术路线	5	生产技术流程不合理扣2分			基本掌握
	调研报告汇报	15	有缺项扣5分；未制作PPT扣3分；论证不合理设计扣3分			基本掌握/熟练掌握
	完成时间	10	要求在90 min内完成总体设计。每增加5 min扣1分，直至5分止			按时完成
教师评分	实施与成果	20	根据学生互评、操作考核和作业提交情况评分	总体评价		熟练掌握
合计						

工作任务二　牛羊场建设项目投资概算和经济效益分析

【任务描述】

投资概算是指在项目计划书里对投资资金进行使用说明，用于让评委知道项目投资的基本情况。经济效益，是通过商品和劳动的对外交换所取得的社会劳动节约，即以尽量少的劳动耗费取得尽量多的经营成果，或者以同等的劳动耗费取得更多的经营成果。经济效益是资金占用、成本支出与有用生产成果之间的比较。所谓经济效益好，就是资金占用少，成本支出少，有用成果多。

【任务情境】

牛羊场建设项目投资概算和经济效益分析是可行性研究的重要组成部分，需要掌握相关的经济学原理以及市场行情，确定投资估算、资金筹措与效益分析，确定资金回收期。本任务需要综合知识和实践经验，对学生而言难度较大。

【任务实施】

一、牛羊场建设项目投资概算

（一）建设投资估算依据

1. 建筑工程

根据项目的建构筑物的结构形式及装修要求，结合本地区近期造价水平计算工程造价。

2. 设备购置费

主要生产工艺设备及通用设备均按询价计算，设备运杂费按8%计算，需并入设备费内。

3. 安装工程

设备安装、工艺管道等其他安装工程费参考《轻工业工程设计概算编制办法》中有关规定指标并结合该项目实际情况计算。

4. 其他工程费用

(1)建设单位管理费按工程费用的0.8%计；

(2)项目前期工作费按工程费用的1%计；

(3)工程设计费按工程费用的0.4%计；

(4)工程建设监理费按工程费用的0.3%计；

(5)施工图预算费按工程费用的0.3%计；

(6)生活及办公家具购置费按工程费用的0.2%计；

(7)培训费按工程费用的1%计。

5.基本预备费

基本预备费按工程费用和其他工程费用之和的2.5%计。

(二)项目投资构成

主要包括建筑工程费、设备及工器具购置及安装工程费和引种费。

(三)流动资金估算依据

流动资金按分项详细估算法进行计算。

(1)主要原辅料的最低周转天数为30 d。

(2)燃料及动力最低周转天数为30 d。

(3)生产过程中在产品的周转天数为2 d。

(4)销售过程中产成品的周转天数为30 d。

(5)结算过程中应收账款和应付账款的周转天数为30 d,现金的周转天数为30 d。

(四)项目总投资

主要包括固定资产投资、种畜投资、其他流动资金。

(五)资金筹措

主要包括申请国家投资、地方财政配套、自筹。

二、牛羊业经济效益分析

主要包括按现行价格估算成本、分析产品销售收入、生产利润、风险分析、投资回收期、盈利性分析。

(一)养牛、养羊业经济效益的分析方法

经济效益的分析主要包括资产核算、成本核算和盈利核算3个方面。经济核算的目的,在于用最少的物质消耗和劳动消耗,尽可能地降低养牛成本,提高产品质量,获得最大经济效益。

1. 资产核算

资产是指企业拥有或控制的能以货币计量的经济资源。资产核算主要是对固定资产和流动资产的核算。

(1)固定资产　指价值较高、使用年限较长、多次投入生产过程,但在生产过程中,其物质形态保持不变的劳动资产。主要包括:生产用固定资产,如畜舍、挤乳器等;非生产用固定资产,如办公室、职工宿舍、食堂等;未使用的固定资产。

固定资产折旧费主要是提取固定资产基本折旧费和固定资产大修理折旧费。养牛生产企业在对固定资产折旧时一般多采用平均年限法。它是按固定资产预计使用年限平均计算折旧的方法。固定资产的净残值率一般按照固定资产原值的3%～5%确定。公式为:

$$年折旧率=\frac{1-预计净残值率}{折旧年限}$$

$$月折旧率=\frac{年折旧率}{12}$$

$$月折旧额=固定资产原始价值\times 月折旧率$$

(2)流动资产　流动资产是指可以在一年内或长于一年的一个营业周期内变现或者运用的资产。内容主要包括:货币资产(库存现金、银行存款和其他货币资产);结算资金(应收票据、应收账款和预付货款等);存货(饲料、兽药、低值易耗品、在产品、幼畜等);短期投资和待摊费用等。企业流动资产总值即货币资产、结算资金、存货、短期投资和待摊费用等的总和。流动资产的核算指标如下:

流动资产平均占用额:一定时期流动资产余额的平均数。

$$月度流动资产平均占用额=\frac{月初占用额+月末占用额}{2}$$

$$年度流动资产平均占用额=\frac{全年各月平均占用额之和}{12}$$

流动资产周转速度:一定时期内周转的快慢程度。它反映流动资产利用率的经济指标。主要有3种指标来表示:

$$周转次数=\frac{计算期销售收入总额}{计算期流动资产平均占用额}$$

$$周转周期(天数)=\frac{计算期天数}{周转次数}=\frac{流动资产平均占用额\times 计算期天数}{计算期销售收入总额}$$

$$流动资产占用率=\frac{计算期流动资产平均占用额}{计算期销售收入总额}\times 100\%$$

在年度内,周转次数愈多,周转天数愈短,则流动资产周转愈快,流动资产运用效果愈好,反之,则差。流动资产占用率愈低,则流动资产运用效果愈好,反之,则差。

2.成本核算

畜产品成本是指畜牧企业在一定时期的生产经营活动中为生产和销售产品而花费的全部费用。畜产品成本核算是经济核算的中心内容,是畜牧企业实行经济核算不可缺少的基础工作。成本核算的项目包括:直接成本[包括工资和福利费、饲料费、燃料动力费、牛群医药费、产畜摊销费(即种畜和产畜的折旧费)、固定资产折旧费、固定资产大修理折旧费、低值易耗品等费用]和间接成本[包括共同生产费(利息支出、产品销售方面的费用等)和企业经营管理费(管理人员的工资、福利费,经营中的水电费、办公费和车旅费等)。其需要按一定比例分摊到各种牛群成本中去]。

核算的一般程序为:确定核算对象→归集费用→分配间接费用→计算总成本→计算主要产品成本和副产品成本→计算主要产品单位成本。

根据成本项目核算出畜群的费用以后，结合各畜群饲养头数、活重、增重、主副产品产量等资料，便可计算各畜群的饲养成本和产品成本。在养牛生产中一般要计算牛群的饲养头日成本、单位牛奶成本、育肥牛增重单位成本、断奶幼牛活重单位成本及主要产品单位成本等，其计算公式如下：

$$\text{牛群饲养头日成本}=\frac{\text{该牛群饲养期总费用}}{\text{该牛群饲养累计头日数}}$$

$$\text{单位牛奶成本}=\frac{\text{成年母牛群全年饲养费用}-\text{犊牛价值}}{\text{全年牛奶产量}}$$

$$\text{育肥牛增重单位成本}=\frac{\text{该牛群饲养期总费用}}{\text{该期间内的净增重量}}$$

$$\text{断奶幼牛活重单位成本}=\frac{\text{产畜群饲养费用}+\text{幼牛饲养费用}}{\text{断奶幼牛活重量}}$$

$$\text{主要产品单位成本}=\frac{\text{该牛群饲养费用}-\text{副产品价值}}{\text{该牛群主要产品总产量}}$$

3. 盈利核算

(1)盈利　盈利是销售收入减去销售成本以后的余额，它包括税金和利润。盈利又称税前利润。

盈利＝总收入－总成本＝税金＋利润

畜牧场自产留用的畜产品，应视同销售，计入销售收入。

(2)利润　利润是企业在一定期间的经营成果。利润为负数时，表示亏损，应按规定的程序弥补。通常，年度发生亏损可用下一年度的利润弥补；不足时可延续五年内以税前利润弥补。

(3)税金　税金是国家根据事先规定的税种和税率向企业征收的、上交国家财政的款项。税金是国家宏观调控的重要经济手段之一。畜牧业主要应上交以下几种税金：农牧业税、产品税、营业税、资源税和所得税等。

(4)投资回收率

投资回收率＝总投资/(年利润＋年折旧费)

(5)投资利润率

投资利润率=年均利润/总投资×100%

(二)肉牛场经济效益分析

(1)总支出部分(表8-2)

表8-2 肉牛场财务总支出

支出项目	说明
饲料费用	包括牛群消耗的各种饲料。上年库存的饲料折款列入当年开支;年底库存结余的饲料应折款列入下年度开支;饲料库存之差列入开支或收入
工资、奖金及福利待遇	按年实际支出计算。包括生产人员和管理人员
固定资产折旧	房屋折旧费:是指牛舍、库房、饲料加工间、办公室和宿舍。砖木结构折旧年限一般为20年,土木结构一般为10年。各牛场可根据当地折旧有关规定处理
	设备折旧费:是指产仔箱,饲料生产、饲料加工机械,折旧年限为10年。拖拉机、汽车折旧年限为15年
燃料费、水电费	
医疗费 兽药和防疫等	
产畜摊销费	即种畜和产畜的折旧费。一般公牛从能受精开始,母牛从产犊开始计算。一般公牛摊销年限为8年,母牛为10年。其计算公式: $产畜摊销费=\frac{产畜原价值-净残值}{使用年限}$

续表 8-2

支出项目	说　明
运输费	
引种费	如购进架子牛的费用
共同生产费	母牛群、公牛群等分摊到牛舍(车间)一级的间接生产费用
维修费	包括大修理折旧费和日常修理费
低值易耗费	指百元以下零星开支,如购买工具、劳保用品等,按年度实际开支计算
差旅费、招待费	按年度实际支出计算
其他开支	如垫草、利息、经营税及人员培训费等

(2)总收入部分(表 8-3)

表 8-3　肉牛场财务总收入

收入项目	说明
全年商品牛总产量	是指 1 月 1 日至年末出售商品牛的总重量
全年出售商品牛的总收入	是指 1 月 1 日至年末出售商品牛收入的总和,未出售的应盘点(盘查清点)总数折价列账
全年出售种牛的收入总和	
全年淘汰牛收入的总和	
全年肥料收入的总和	
增值收入	牛只盘点总数折价,减去上年盘点总数的折价

(3)总效益部分　全年的总收入减去全年的总支出即为全年的总效益。肉牛专业饲养户的效益分析原则上也可按照上述方法进行计算,但专业户在牛的房舍、青粗饲料的供应及劳动力成

本等方面可以减少部分支出，若再加上科学的饲养管理，一定会取得更好的经济效益。

(三)奶牛场经济效益分析

奶牛场饲养成本投入可分为直接饲养成本和间接饲养成本两大部分。直接饲养成本指奶牛每天所消耗的饲粮的实际成本；而间接饲养成本包括人员工资、工资附加费、固定资产折旧、燃料动力费、制造费用、辅助生产成本等为完成生产所发生费用的成本投入。为便于分析，将奶牛的饲养阶段划分为后备期和成母牛期(即投产期)两部分，现以饲养 724 头中国荷斯坦奶牛的某奶牛场为例进行成本分析。

1. 奶牛后备期的日粮统计及成本核算

初孕牛的饲养天数是根据其投产月龄推算而来的，因该牛场初孕牛投产月龄 1991—2000 年 10 年平均为 26.66 个月(即 800 d)，故该饲养期平均为 260 d。由于各年度奶牛场的饲料单价及人员工资等存在较大差异，因此，饲养日粮单价按 2002 年该场实际单价为准(成母牛同)，奶牛各期的间接饲养成本投入也按 2002 年该场年终财务报表统计为准(成母牛同)。详见表 8-4、表 8-5。

表 8-4　某牛场后备牛直接饲养成本统计表(10 年平均值)

kg/(头·d)

项目	混合饲料	苜蓿干草	苜蓿草粉	青贮	多汁料	犊牛食奶量	头日成本/元	饲养天数/d	合计/元
犊 牛	0.92	0.58	0.71	0.94	—	2.77	6.38	180	1 148.4
小育成牛	1.45	3.49	0.70	8.10	0.72	—	5.49	180	988.2
大育成牛	1.88	4.60	0.65	12.21	0.33	—	7.25	180	1 305.0
初 孕 牛	2.48	5.50	—	13.01	0.16	—	8.22	260	2 137.2
饲料单价	1.188	0.53	0.53	0.18	0.125	1.60	—	—	—
合计								800	5 578.8

表 8-5 某牛场后备牛间接饲养成本统计表

元/(头·d)

项目	人员工资	工资附加费	固定资产折旧	燃料动力费	药费	制造费用	成本	饲养天数/d	合计/元
犊牛	0.48	0.12	0.23	0.34	0.30	0.06	1.53	180	275.4
小育成牛	0.36	0.10	0.23	0.34	0.36	0.20	1.59	180	286.2
大育成牛	0.40	0.09	0.32	0.18	0.25	0.20	1.44	180	259.2
初孕牛	0.40	0.09	0.32	0.18	0.25	0.15	1.39	260	361.4
总计								800	1 182.2

2. 后备期的利润分析

表 8-4 和表 8-5 的统计结果表明，一头奶牛从出生至投产止的饲养费用投入为 6 761 元(5 578.8＋1 182.2)。若加上犊牛出生的基金价(如某牛场为 2 500 元)，一头奶牛从出生到投产时的价值在 9 261 元左右。该场初孕牛投产后转入成母牛的转入价(转入固定资产价格)为 4 954.77 元，而剩余部分在当年生产利润中冲减。

3. 成母牛饲养成本核算

通过对 1991—2000 年 10 年的统计结果及 2002 年的统计(表 8-6)表明，成母牛每头每天的直接饲养成本在 20～22 元之间。

4. 成母牛年利润分析

表 8-6 和表 8-7 的统计结果(仅按 2002 年)表明，成母牛的每头每天成本投入为 31.20 元。在 2002 年，该场成母牛日单产 24.37 kg，则年单产为 8 895 kg。因此，每千克牛奶的成本应为 1.28 元。按该场鲜奶收购价 1.70 元/kg 来计算。该场每千克牛奶的利润为 0.42 元，年利润为 3 735.90 元。由于奶牛的维持需要是相对恒定的，分解到牛奶单产中的份额随着单产的提高而减少。另外，由于畜牧生产是一个循环往复的过程。因此，可不计

算某头牛的基金价或转入价，仅按其后备期的饲养成本投入6 761元来计算，该牛要生产22个月才能完成其在后备期的投入，之后的产奶才是真正意义上的利润。所以，不断提高奶牛的单产和延长成母牛的有效利用年限可以获得更高的经济效益。

表 8-6 某牛场成母牛直接饲养成本统计表

kg/(头·d)

项目	混合饲料	油渣	豆饼	苜蓿干草	青贮	多汁料	头日成本/元
10年平均	11.41	1.38	0.18	5.11	19.39	3.15	21.79
2002年	11.32	0.70	0.14	4.15	18.69	7.10	20.82
饲料单价/元	1.188	0.95	1.85	0.53	0.18	0.125	

表 8-7 某牛场2002年成母牛间接饲养成本统计表 元

饲养头日	人员工资	工资附加费	固定资产折旧	燃料动力费	药费
119 486	384 445.88	7 779.25	260 703.39	66 940.80	82 898.92
头日成本	3.22	0.07	2.18	0.56	0.69

饲养头日	制造费用	其他直接费用	辅助生产成本	合计
119 486	9 355.69	80 733.57	256 196.66	1 239 154.16
头日成本	0.83	0.68	2.15	10.37

*药费包括防检疫及育种费用。

(四)肉羊场经济效益分析

1.成本

(1)基建总造价

羊舍造价：500只基础母羊，净羊舍500 m^2；周转羊舍（羔羊、育成羊）1 250 m^2；25只公羊，50 m^2 公羊舍，合计：1 800 m^2 ×造价/m^2＝羊舍总造价

青贮窖总造价：500 m^2 ×造价/m^2

储草及饲料加工车间总造价：500 m^2×造价/m^2

办公室及宿舍总造价：400 m^2×造价/m^2

合计为基建总造价。

(2)设备机械及运输车辆投资 青贮机总费用，兽医药械费用，变压器等机电设备费用，运输车辆费用，合计为设备机械及运输车辆总费用。

每年固定资产总摊销=(基建总造价+设备机械及运输车辆总费用)÷10 年

(3)种羊投资

500 只母羊×价格/只=种母羊投资

25 只公羊×价格/只=种公羊投资

合计为种羊总投资。

种羊总投资÷5 年=每年种羊总摊销

(4)建成后需干草、青贮料、配合精料

①种羊

干草：525 只种羊×干草量/(d·只)×365 d×价格/kg 干草=成年羊年消耗干草费用

精料：525 只种羊×精料量/(d·只)×365 d×价格/kg 精料=成年羊年消耗精料费用

青贮料：525 只种羊×青贮料量/(d·只)×365 d×价格/kg 青贮料=成年羊年消耗青贮料费用

合计为种羊饲养总成本。

②育成羊(7 个月出售，5 个月饲喂期)

干草：总羔数×干草量/(d·只)×150 d×价格/干草 kg=育成羊年消耗干草费用

青贮料：总羔数×青贮料量/(d·只)×150 d×价格/kg 青贮料=育成羊年消耗青贮料费用

精料：总羔数×精料量/(d·只)×150 d×价格/kg 精料=育

成羊年消耗精料费用

合计为育成羊饲养总成本。

总饲养成本=种羊饲养总成本+育成羊饲养总成本

(5)年医药、水电、运输、业务管理总摊销

10 元/(羔·年)×总羔数

(6)年工人工资

25 元/年·羔×总羔数=年总工资成本

2.收入

(1)年售商品羊

总育成数×出栏重/只×价格/kg 活羊

(2)羊粪收入

总羔数×产粪/(只·年)

525 只种羊×产粪/(只·年)

羊粪收入=总粪量×价格/m^3

(3)羊毛收入

种羊 525 只×产毛量/只×价格/kg 毛

以上 3 项合计为总收入。

3.经济效益分析

建一个基础母羊 500 只商品羊场,年总盈利为:

总收入-年种羊饲养总成本-年育成羊饲养总成本-年医药、水电、运输、业务管理总费用-年总工资-年固定资产总摊销-年种羊总摊销

每售 1 只育成羊盈利:年总盈利÷总育成数

【知识链接】

收益递减规律又称边际收益递减规律或递减规律报酬,在技术和其他生产要素的投入量固定不变的条件下,连续地把某一生产要素的投入量增加到一定数量之后,总产量的增量即边际产量将会出现递减现象。

等边际原理，效用最大化的基本条件是符合等边际原理，即在消费者的收入固定和他面临着各种物品的市场价格既定的条件下，当花费在任何一种物品上的最后一美元所得到的边际效用正好等于花费在其他任何一种物品上的最后一美元所得到的边际效用的时候，该消费者就得到最大的满足或效用。

机会成本是指当把一定的经济资源用于生产某种产品时放弃的另一些产品生产上最大的收益。机会成本是经济学原理中一个重要的概念。在制订国家经济计划中，在新投资项目的可行性研究中，在新产品开发中，乃至工人选择工作中，都存在机会成本问题。它为正确合理的选择提供了逻辑严谨、论据有力的答案。在进行选择时，力求机会成本小一些，是经济活动行为方式的最重要的准则之一。生产一单位的某种商品的机会成本是指生产者所放弃的使用相同的生产要素在其他生产用途中所能得到的最高收入。

机会成本所指的机会必须是决策者可选择的项目，若不是决策者可选择的项目便不属于决策者的机会。例如，某农民只会养猪和养鸡，那么养牛就不会是某农民的机会。

放弃的机会中收益最高的项目才是机会成本，即机会成本不是放弃项目的收益总和。例如，某农民只能在养猪、养鸡和养牛中择一从事，若三者的收益关系为养牛＞养猪＞养鸡，则养猪和养鸡的机会成本皆为养牛，而养牛的机会成本仅为养猪。

在稀缺性的世界中选择一种东西意味着放弃其他东西。一项选择的机会成本，也就是所放弃的物品或劳务的价值。机会成本是指在资源有限条件下，当把一定资源用于某种产品生产时所放弃的用于其他可能得到的最大收益。

【提交作业】

结合当地实际做一个 500 头成年奶牛的规模化牛场建设项目投资概算和经济效益分析报告。

【任务评价】

考核方式	考核项目	评分标准		考核方法	考核分值	熟悉程度
		分值	扣分依据			
学生互评	提交成果	20	根据小组代表发言、小组学生讨论发言、小组学生答辩及小组间互评打分情况而定			群体参与
小组考核评价	建设投资估算	10	建筑工程、设备购置费、安装工程、其他工程费用、基本预备费费用未认真调研核实每处扣1分；缺项扣2分	操作考核		基本掌握/熟练掌握
	养牛、养羊业经济效益的分析方法	10	资产核算未掌握扣2分；成本核算未掌握扣2分；盈利核算未掌握扣2分			基本掌握/熟练掌握
	肉牛场经济效益分析	5	分析不合理扣2分			基本掌握
	奶牛场经济效益分析	5	分析不合理扣2分			基本掌握
	肉羊场经济效益分析	5	分析不合理扣2分			基本掌握
	报告汇报	15	有缺项扣5分；未制作PPT扣3分；论证不合理设计扣3分			基本掌握/熟练掌握
	完成时间	10	要求在90 min内完成总体设计。每增加5 min扣1分，直至5分止			按时完成

续表

考核方式	考核项目	评分标准		考核方法	考核分值	熟悉程度
		分值	扣分依据			
教师评分	实施与成果	20	根据学生互评、操作考核和作业提交情况评分	总体评价		熟练掌握
合计						

工作任务三 牛羊场建设项目的可行性研究

【任务描述】

可行性研究是指在调查的基础上,通过市场分析、技术分析、财务分析和国民经济分析,对各种投资项目的技术可行性与经济合理性进行的综合评价。可行性研究的基本任务,是对新建或改建项目的主要问题,从技术经济角度进行全面的分析研究,并对其投产后的经济效果进行预测,在既定的范围内进行方案论证的选择,以便最合理地利用资源,达到预定的社会效益和经济效益。

【任务情境】

本任务培养学生基本的牛羊生产统筹规划能力,自主搜集相关信息,开展实地调研的能力,为今后辅助场长或者独立制定养殖场新项目建设可行性研究打下坚实的基础。

【任务实施】

可行性研究是决定项目能否成立的前提。进行项目可行性论证除作为投资决策的依据外,还可以作为引用外资、筹划银行贷款以及与合作伙伴签订协议的依据。

项目可行性论证应遵循的原则:一是必须考虑遵循社会主义

市场经济规律，应与国家、地区的国民经济发展规划相一致；二是必须从本地区的实际出发，发挥地区优势，合理利用当地资源；三是必须坚持技术、经济、社会、生态等效果相统一的原则；四是必须处理好农与牧、当前与长远、局部与全局的关系。

项目可行性研究的方法：可行性研究须着重从技术、经济两方面进行。技术的可行性研究是投资项目能否成立的前提。经济上的可行性分析则着眼于投资效益，在方法上侧重于市场调查和市场预测，计算产品成本，进行盈亏论证。

大型的综合性项目的可行性研究，一般由专业部门或设计单位组织有关专家共同研究完成。小型项目也可以由有经验的投资者依据以下程序来完成。

(1)任务提出　提出可行性论证的目的、要求、进行论证研究的现有条件和存在的问题。

(2)调查研究　收集与奶牛或肉牛项目有关的技术经济情报资料，特别是要对实施地区的自然环境、生态条件、社会条件、经济条件进行调查，掌握产品的市场行情，预测国内外的市场前景，准确把握问题，正确地制订决策计划，提出项目可以实施的理由和条件。

(3)确定决策目标　从现实条件出发，综合考虑各方面的因素，经过充分论证，确定项目建设目标。目标概念要明确，内容要具体，尽可能数量化，并对实现目标的前提条件应有明确规定。

(4)拟订备择方案　把项目建设目标同实施地区的具体条件相结合，从不同的角度设计出几个可行性方案。对每一个备择方案均需精心设计，严格论证，具体计算；为评价选优提供依据。

(5)评价选优,优化决策　根据生产上可行、技术先进、经济有效的原则,综合比较各备选项目建成后的经济效益、社会效益和生态效益,权衡各自的利弊,客观公正地从中筛选出最佳方案,并对其进行补充修订,最后完成可靠性论证报告。

【知识链接】

可行性研究报告的一般格式和内容

由于投资的项目不同,可行性研究本身所包括的内容也不尽一致,但从总体上说,一般可行性研究报告的主要内容及写作格式如下:

(1)项目背景　主要介绍项目名称、可行性研究报告编制依据及项目提出的理由与过程。

(2)项目概况　是项目内容的摘要性说明,包括项目建设单位、建设地点、建设年限、建设规模与目标、主要建设条件、项目投入总资金及效益情况和主要技术经济指标等。

(3)项目建设的必要性和可行性　必要性可从养牛产业的现状、发展趋势及实施后对本地区的经济、社会和生态方面的有利影响等方面书写。可行性可从项目实施的有利因素方面写起,如资源优势:牛品种资源、农作物秸秆、草原、草山草坡资源、劳动力资源、技术力量、技术成果等技术优势;区域优势:含土地、交通、能源、通信设施等内容。产业优势:从经济效益、发展潜力、市场前景方面分析;政策优势:大力发展草食畜牧业符合国家产业政策。

(4)市场供求分析及预测　要包括本项目的所属行业的发展现状与前景分析、现有生产能力的调查与分析、市场需求调查与预测等。

(5)项目承担单位的基本情况　包括人员状况,固定资产状况,现有建筑设施与配套仪器设备状况,专业技术水平和管理体制等。

(6)场址条件　项目建设地点选址要直观准确,要落实具体地块位置并对与项目建设内容相关的基础状况、建设条件加以描述,不能以项目所在区域代替项目建设地点。具体内容包括场址地点与地理位置、场址占地面积和场址建设条件。

(7)工程方案　主要包括工艺技术方案、设备方案、建设方案。工艺技术方案,主要是分析项目技术来源及技术水平、主要技术工艺流程与技术工艺参数、技术工艺和主要设备选型方案比较等。建设方案,主要指建筑物的建筑特征及结构方案、建筑安装工程量及"三材"用量估算等。

(8)项目总体布置　主要包括项目构成、项目建设目标(包括项目建成后要达到的生产能力目标或业务能力目标)、总体布局、项目总体发展规模、生产模式及拟达到的技术指标和经济指标。多以总体布置图及其主要技术经济指标表来表示。

(9)环境影响评价　主要包括项目所在地环境现状、项目产生的污染物对环境的影响、环境保护设施与投资、环境影响评价。需征地的建设项目,项目可行性研究报告中必须附国土资源部门核发的建设用地证明或项目用地预审意见和规划部门规划意见书以及环保部门的批复。

(10)项目组织管理与运行　主要包括项目建设期组织管理机构与职能,项目建成后组织管理机构与职能、运行管理模式与运行机制、人员配置及专业技术人员培训等;同时要对运行费用进行分析,估算项目建成后维持项目正常运行的成本费用,并提出解决所需费用的合理方式方法。

(11)项目实施进度　根据确定的建设工期和勘察设计、仪器设备采购(或研制)、工程施工、安装、试运行所需时间与进度要求,选择整个工程项目最佳实施计划方案和进度安排。项目实施进度以表格形式表示较好。

(12)投资估算与资金筹措　依据建设内容及有关建设标准或规范,分类详细估算项目固定资产投资并汇总,明确投资筹措方案。

(13)效益分析　对项目建成后的经济与社会效益测算与分析。特别是对项目建成后的新增固定资产和生产能力,以及经济效益、社会效益和生态效益等进行量化分析。社会效益和生态效益可从项目实施为本地区解决就业情况、为社会提供种畜,带动区域经济发展及小城镇建设等方面分析。

(14)风险评价　项目主要风险因素识别、风险程度分析及防范和降低风险措施。

(15)结论与建议　首先对推荐方案进行总体描述,然后再对推荐方案的优缺点及主要争论与分歧意见进行陈述,最后给出结论与建议。

(16)附图、附表及附件　附图主要是指场址地理位置图和项目总体布置图。报告后面一定要附有表格。除可研报告编制需要提供的工程量、设备清单等表格外,为便于评审汇总,还应附以下两类表格:一是项目基本情况表,二是项目建设内容、规模、投资估算明细表、现金流量表等。附件主要是指有关证明材料,例如项目建议书(初步可行性研究报告)的批复文件、环保部门对项目环境影响的批复文件、主要原材料供应的意向性协议、项目资金来源的承诺函、土地主管部门对场址的批复文件、国内外市场需求情况调研和预测报告、承担单位法人证明、有关配套条件及技术成果证明等。各种附图、附表和附件等有关证明材料一定要真实、齐全。

总之，可行性研究必须对项目的投资提供技术、经济方面的依据作充分的论证，数据资料要详尽，可靠性要高，做到具有科学性、真实性、准确性和可操作性。

【提交作业】

按照牛场建设项目可行性论证的原则和程序，撰写一份项目可行性报告，要求严格按照格式撰写。

【任务评价】

考核方式	考核项目	评分标准		考核方法	考核分值	熟悉程度
		分值	扣分依据			
学生互评	提交成果	20	根据小组代表发言、小组学生讨论发言、小组学生答辩及小组间互评打分情况而定			群体参与
小组考核评价	项目可行性论证的原则和方法	10	项目可行性论证应遵循的原则不知道扣 2 分；项目可行性研究的方法不知道扣 2 分			基本掌握/熟练掌握
	项目可行性论证的程序	10	程序不明确扣 5 分；程序具体含义不清楚的每项扣 1 分			基本掌握/熟练掌握

续表

<table>
<tr><td rowspan="2">考核方式</td><td rowspan="2">考核项目</td><td colspan="2">评分标准</td><td rowspan="2">考核方法</td><td rowspan="2">考核分值</td><td rowspan="2">熟悉程度</td></tr>
<tr><td>分值</td><td>扣分依据</td></tr>
<tr><td rowspan="5">小组考核评价</td><td>可行性研究报告的一般格式</td><td>5</td><td>缺项每项扣 2 分</td><td rowspan="5">操作考核</td><td></td><td>基本掌握</td></tr>
<tr><td>可行性研究报告的一般内容</td><td>5</td><td>内容具体含义不清楚的每项扣 1 分</td><td></td><td>基本掌握</td></tr>
<tr><td>可研报告排版格式</td><td>5</td><td>格式不规范扣 2 分</td><td></td><td>基本掌握</td></tr>
<tr><td>可行性报告汇报</td><td>15</td><td>有缺项扣 5 分；未制作 PPT 扣 3 分；论证不合理设计扣 3 分</td><td></td><td>基本掌握/熟练掌握</td></tr>
<tr><td>完成时间</td><td>10</td><td>要求在 90 min 内完成总体设计。每增加 5 min 扣 1 分，直至 5 分止</td><td></td><td>按时完成</td></tr>
<tr><td>教师评分</td><td>实施与成果</td><td>20</td><td>根据学生互评、操作考核和作业提交情况评分</td><td>总体评价</td><td></td><td>熟练掌握</td></tr>
<tr><td colspan="7">合 计</td></tr>
</table>

参考文献

[1]李建国.现代奶牛生产.北京:中国农业大学出版社,2007

[2]莫放.养牛生产学.3版.北京:中国农业大学出版社,2007

[3]梁学武.现代奶牛生产.北京:中国农业出版社,2002

[4]王加启.现代奶牛养殖科学.北京:中国农业出版社,2006

[5]刘太宇.养牛生产.北京:中国农业大学出版社,2008

[6]秦志锐.奶牛高效益饲养技术.修订版.北京:金盾出版社,2003

[7]覃国森,丁洪涛.养牛与牛病防治.北京:中国农业出版社,2006

[8]闫明伟.牛生产.北京:中国农业出版社,2011

[9]中华人民共和国农业部.肉牛饲养标准.2004

[10]中华人民共和国农业部.奶牛饲养标准.2004

[11]莫放.养牛生产学.北京:中国农业大学出版社,2010

[12]岳炳辉.养羊与养病防治.北京:中国农业大学出版社,2011

[13]刘太宇.养牛生产技术.北京:中国农业大学出版社,2013

[14]宋连喜.牛生产.北京:中国农业大学出版社,2008

[15]范颖,宋连喜.羊生产.北京:中国农业大学出版社,2008

[16]靳胜福.畜牧业经济与管理.北京:中国农业出版社,2009

[17]张绍军.奶牛.北京:中国农业大学出版社,2006

[18]王振来.肉牛.北京:中国农业大学出版社,2006

[19]张西臣,李建华.动物寄生虫病学.北京:科学出版社,2010

[20]王宗元.动物营养代谢病和中毒病学.北京:中国农业出版社,1997

[21]薛增迪,任建存.牛羊生产与疾病防治.杨凌.北京:西北农林科技大学出版社,2008

[22]李拥军,薛慧文,张浩.肉羊健康高效养殖.北京:金盾出版社,2008

[23]苗志国,常新耀.羊安全高效生产技术.北京:化学工业出版社,2009